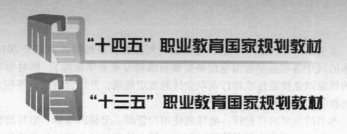

"十四五"职业教育国家规划教材

"十三五"职业教育国家规划教材

电梯运行与安全管理技术

主编　李乃夫
参编　陈碎芝　唐　照　何国宁
主审　曾伟胜

机械工业出版社
CHINA MACHINE PRESS

本书是"十三五"职业教育国家规划教材，是根据教育部于 2014 年公布的《中等职业学校机电设备安装与维修专业教学标准》，同时参考有关的国家职业技能标准和行业职业技能鉴定规范，并结合目前中等职业学校的教学实际情况编写的。

本书的主要内容包括：电梯的使用和管理、电梯的维修、电梯的维护保养、自动扶梯。在本书编写过程中，努力体现教学内容的先进性和前瞻性，突出专业领域的新知识、新技术、新工艺、新设备。

本书可作为中等职业教育电梯安装与维修保养专业教材，也可作为职业技能培训和从事电梯技术工作人员的参考用书。

为方便教学，本书配套电子教案、PPT 课件、习题答案、模拟试题及答案等资源，选用本书作为教材的教师可登录 www.cmpedu.com 注册并免费下载。

图书在版编目（CIP）数据

电梯运行与安全管理技术/李乃夫主编. —北京：机械工业出版社，2017.9（2025.1 重印）

"十三五"职业教育国家规划教材

ISBN 978-7-111-58027-0

Ⅰ.①电… Ⅱ.①李… Ⅲ.①电梯-运行-中等专业学校-教材②电梯-安全管理-中等专业学校-教材 Ⅳ.①TU857

中国版本图书馆 CIP 数据核字（2017）第 229475 号

机械工业出版社（北京市百万庄大街 22 号　邮政编码 100037）
策划编辑：赵红梅　责任编辑：赵红梅　韩　静　责任校对：佟瑞鑫
封面设计：张　静　责任印制：常天培
北京机工印刷厂有限公司印刷
2025 年 1 月第 1 版第 11 次印刷
184mm×260mm · 11.25 印张 · 273 千字
标准书号：ISBN 978-7-111-58027-0
定价：38.00 元

电话服务　　　　　　　　　网络服务
客服电话：010-88361066　　机　工　官　网：www.cmpbook.com
　　　　　010-88379833　　机　工　官　博：weibo.com/cmp1952
　　　　　010-68326294　　金　书　　　网：www.golden-book.com
封底无防伪标均为盗版　　机工教育服务网：www.cmpedu.com

关于"十四五"职业教育
国家规划教材的出版说明

为贯彻落实《中共中央关于认真学习宣传贯彻党的二十大精神的决定》《习近平新时代中国特色社会主义思想进课程教材指南》《职业院校教材管理办法》等文件精神，机械工业出版社与教材编写团队一道，认真执行思政内容进教材、进课堂、进头脑要求，尊重教育规律，遵循学科特点，对教材内容进行了更新，着力落实以下要求：

1. 提升教材铸魂育人功能，培育、践行社会主义核心价值观，教育引导学生树立共产主义远大理想和中国特色社会主义共同理想，坚定"四个自信"，厚植爱国主义情怀，把爱国情、强国志、报国行自觉融入建设社会主义现代化强国、实现中华民族伟大复兴的奋斗之中。同时，弘扬中华优秀传统文化，深入开展宪法法治教育。

2. 注重科学思维方法训练和科学伦理教育，培养学生探索未知、追求真理、勇攀科学高峰的责任感和使命感；强化学生工程伦理教育，培养学生精益求精的大国工匠精神，激发学生科技报国的家国情怀和使命担当。加快构建中国特色哲学社会科学学科体系、学术体系、话语体系。帮助学生了解相关专业和行业领域的国家战略、法律法规和相关政策，引导学生深入社会实践、关注现实问题，培育学生经世济民、诚信服务、德法兼修的职业素养。

3. 教育引导学生深刻理解并自觉实践各行业的职业精神、职业规范，增强职业责任感，培养遵纪守法、爱岗敬业、无私奉献、诚实守信、公道办事、开拓创新的职业品格和行为习惯。

在此基础上，及时更新教材知识内容，体现产业发展的新技术、新工艺、新规范、新标准。加强教材数字化建设，丰富配套资源，形成可听、可视、可练、可互动的融媒体教材。

教材建设需要各方的共同努力，也欢迎相关教材使用院校的师生及时反馈意见和建议，我们将认真组织力量进行研究，在后续重印及再版时吸纳改进，不断推动高质量教材出版。

机械工业出版社

本书是"十三五"职业教育国家规划教材，参考有关国家职业技能标准和行业职业技能鉴定规范，并结合目前中等职业学校的教学实际情况编写而成。

在本书的编写过程中，编者努力按照当前职业教育教学改革和教材建设的总体目标，按照职业活动过程和职业教育规律来设计教学过程，努力体现教学内容的先进性，突出专业领域的新知识、新技术、新工艺、新设备。本书以亚龙 YL-777 型电梯安装、维修与保养实训考核装置（及其配套产品）作为教学用机。

本书内容融入思政元素，穿插介绍我国电梯发展史，培养学生从事本专业技术工作的职业自豪感与社会责任感；注重培养学生依规遵章、规范操作及安全生产意识；注重培养学生严谨细致、精益求精的工作态度和作风，以及节能环保理念。

本书配套资源丰富，包括电子教案、PPT 课件、习题答案、模拟试题及答案等，满足线上、线下混合式教学需求。

本书建议学时为 36 学时，具体学时分配见下表。

项　　目	学习任务	建议学时
项目 1　电梯的使用和管理	学习任务 1.1　电梯的基础知识	2
	学习任务 1.2　电梯的安全使用	2
	学习任务 1.3　电梯的日常管理	2
	学习任务 1.4　电梯的日常维护保养	4
项目 2　电梯的维修	学习任务 2.1　电梯维保工作的安全操作规范	6
	学习任务 2.2　电梯电气系统的维修	4
	学习任务 2.3　电梯机械系统的维修	4
项目 3　电梯的维护保养	学习任务 3.1　电梯曳引系统的维护保养	2
	学习任务 3.2　电梯机械系统的维护保养	2
	学习任务 3.3　电梯安全保护和电气系统的维护保养	2
项目 4　自动扶梯	学习任务 4.1　自动扶梯的结构与运行	2
	学习任务 4.2　自动扶梯的安全使用与日常管理	2
	学习任务 4.3　自动扶梯的维护与保养	2
总　　计		36

本书由李乃夫担任主编，温州市瓯海职业中专集团学校陈碎芝、广州市土地房产管理职业学校唐照、何国宁分别参与了项目 2、4 的编写，其余内容由李乃夫编写。本书由广州市特种设备行业协会曾伟胜担任主审。

欢迎教材的使用者及同行对本书提出意见或给予指正！

编　　者

目　录

项目 1

电梯的使用和管理

项目目标

1. 认识电梯，了解电梯的类型、基本结构和运行原理。
2. 学会安全使用电梯、掌握电梯的日常管理方法。
3. 学会电梯的日常维护保养方法。

任务目标

核心知识：
1. 了解电梯的定义、类型和分类，能认识各种电梯。
2. 了解电梯的基本结构及各部分的构成、功能。
核心技能：
能认识电梯的基本结构。

任务分析

　　了解电梯的定义、类型和分类。认识各种类型的电梯，了解电梯的用途和基本功能。认识电梯的基本结构，了解各个系统和主要部件的位置及其作用。

知识准备

一、电梯的定义

1. 电梯的起源与发展

　　电梯的历史可以追溯到古代的人力卷扬机。1858 年在美国出现了以蒸汽机为动力的客梯，随后在英国又出现了水压梯。1889 年美国的奥的斯公司首先使用了电动机作为电梯的动力，这才出现了真正意义的"电"梯。

　　在现代社会的城市化进程中，电梯已经成为不可缺少的垂直运输设备。据统计，现代城市中，建筑不断地向高空发展，有的城市有 2/3 以上的人口基本生活在空中，他们每天依靠各种电梯往返于距离地面十米以上的空间中工作、生活和娱乐。由于电梯的存在，使得城市高空化、高楼城市化成为现实。

图 1-1　广州塔

图 1-1 所示为被称为"小蛮腰"的广州塔，该塔于 2010 年在广州召开的第十六届亚洲运动会前建成，是一座以观光旅游为主，具有文化娱乐和城市窗口功能的大型城市基础设施。广州塔塔身主体 450m（塔顶观光平台最高处 454m），天线桅杆 150m，总高度 600m，成为当时世界第三高电视塔。该塔安装了 6 部高速电梯，其中包括两部消防电梯、两部观光电梯。如中途不停站，这些高速电梯可在 90s 内直达 433.2m 高的顶层，是世界上最高的电梯提升高度。为了缓解高速提升对人耳膜的巨大压力，该电梯还安装了气压调节装置，这也是在国内电梯首次安装这种装置。

2. 电梯的定义

在 GB/T 7024—2008《电梯、自动扶梯、自动人行道术语》中对电梯的定义为：服务于建筑物内若干特定的楼层，其轿厢在至少两列垂直于水平面或与铅垂线倾斜角小于 15°的刚性导轨运动的永久运输设备。

二、电梯的分类

按照定义，电梯应是一种按垂直方向运行的运输设备，而在许多公共场所使用的自动扶梯和自动人行道则是在水平方向上（或有一定倾斜度）的运输设备。但目前多数国家都习惯将自动扶梯和自动人行道归类于电梯中。在本书中，自动扶梯和自动人行道将在"项目 4"中专门介绍，因此在前 3 个项目中讲到的"电梯"均指垂直电梯。

不同的国家电梯的分类方法各有不同，根据我国目前的行业习惯，大致将电梯归类如下：

1. 按用途分类

（1）载客电梯

载客电梯是主要为载客而设计的电梯，对安全、乘坐的舒适感和轿厢内环境等方面都要求较高。用于宾馆、酒店、写字楼和住宅等，如图 1-2a 所示。

观光电梯也属于客运电梯的一种，其轿厢壁透明，便于乘客观赏周边景色。装于高层建筑的外墙、内厅或旅游景点，如图 1-2b 所示。如前面介绍的广州塔上运行高度达 433.2m 的电梯就属于观光电梯。

（2）载货电梯

载货电梯是主要为载货而设计的电梯，要求轿厢的面积大、载重量大，用于工厂车间、仓库等。

（3）客货两用电梯

客货两用电梯具有客梯与货梯的特点，如一些住宅楼、写字楼的电梯。

（4）杂物电梯

a) 乘客电梯

b) 观光电梯

图 1-2　载客电梯

杂物电梯如饭店用于运送饭菜、图书馆用于运书的小型电梯，其轿厢面积与载重量都较小，只能运货而不能载人。

（5）自动扶梯和自动人行道

自动扶梯是与地面成 30°～35°倾斜角的代步运输设备，如图 1-3a 所示，常用于商场、机场和车站等公共场所。而自动人行道则是自动扶梯的变形，一般在水平方向运行（也可以有一定的倾斜度），常用于大型的机场与车站，如图 1-3b 所示。自动扶梯在"项目 4"专门介绍。

a) 自动扶梯

b) 自动人行道

图 1-3　自动扶梯和自动人行道

（6）特殊用途电梯

特殊用途电梯指用于特殊用途的电梯：如医院用的医用电梯，轿厢一般窄而长，双面开门，要求运行平稳；又如用于矿井的电梯、用于船舶的电梯和用于维护高层建筑的吊篮等。

2. 按速度分类

（1）低速电梯

额定速度在 1m/s 以下的电梯，常用于 10 层以下的建筑物。

（2）快速电梯

额定速度在 $1\sim2\mathrm{m/s}$ 之间的电梯，常用于 10 层以上的建筑物。

（3）高速电梯

额定速度 $\geq 2\mathrm{m/s}$ 的电梯，常用于 16 层以上的建筑物。

（4）超高速电梯

额定速度超过 $5\mathrm{m/s}$ 的电梯，常用于超过 100m 的建筑物。

需要说明的是：随着电梯速度的不断提升，按速度对电梯的分类标准也会相应改变。

3. 按驱动方式分类

按照驱动方式的不同，电梯可以分为鼓轮（卷筒）驱动（见图 1-4a）、曳引驱动（见图 1-4b）、液压驱动等几大类。其中曳引驱动方式具有安全可靠、提升高度基本不受限制、电梯速度容易控制等优点，已成为电梯产品驱动方式的主流。

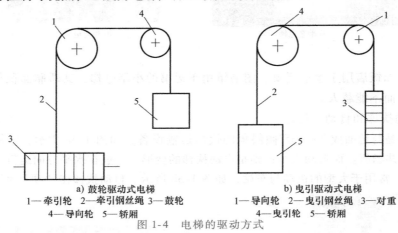

a) 鼓轮驱动式电梯
1—牵引轮 2—牵引钢丝绳 3—鼓轮
4—导向轮 5—轿厢

b) 曳引驱动式电梯
1—导向轮 2—曳引钢丝绳 3—对重
4—曳引轮 5—轿厢

图 1-4 电梯的驱动方式

在曳引式提升机构中，钢丝绳悬挂在曳引轮绳槽中，一端与轿厢连接，另一端与对重连接，如图 1-4b 所示。利用曳引轮绳槽与钢丝绳之间的摩擦力带动电梯轿厢升降。本书中介绍的电梯均为曳引驱动式电梯。

4. 其他分类方式

如按控制方式分，可分为有专职驾驶员操作与无驾驶员操作、手柄操作和按钮操作（又分为轿内按钮操作和轿外按钮操作）、信号控制、集选控制和群控电梯等。

又如按照拖动电动机分，可分为交、直流电梯（分别用交流和直流电动机拖动）和用直线电动机拖动的电梯等。

三、电梯的型号

在《电梯、液压梯产品型号编制方法》中对电梯型号的编制做了如下规定：

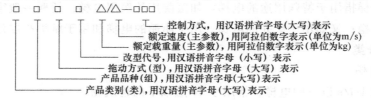

控制方式，用汉语拼音字母(大写)表示
额定速度(主参数)，用阿拉伯数字表示(单位为m/s)
额定载重量(主参数)，用阿拉伯数字表示(单位为kg)
改型代号，用汉语拼音字母(小写)表示
拖动方式(型)，用汉语拼音字母(大写)表示
产品品种(组)，用汉语拼音字母(大写)表示
产品类别(类)，用汉语拼音字母(大写)表示

例如，TKJ1500/2.0-QKW 型电梯型号的含义为——交流客梯，额定载重量 1500kg，额定速度 2.0m/s，群控方式，采用微机控制。

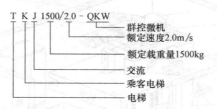

可见电梯的型号由三大部分组成：第一部分为类、组、型和改型代号；第二部分为主参数代号，包括额定载重量和额定速度；第三部分为控制方式代号。具体可查阅相关资料。

四、电梯的整体结构

电梯的基本结构如图 1-5 所示。由图可见，电梯从空间位置划分由四个部分所组成：依附建筑物的机房与井道、运载乘客或货物的空间——轿厢、乘客或货物出入轿厢的地点——层站，即机房、井道、轿厢、层站四大空间。如果从电梯各部分的功能区分，可分为曳引系统、导向系统、轿厢系统、门系统、重量平衡系统、电气控制系统和安全保护系统七个系统，其主要部件与功能见表 1-1。

表 1-1 电梯各系统的功能及其构件与装置

系 统	主要部件	功 能
1. 曳引系统	曳引机、曳引钢丝绳、导向轮、反绳轮等	输出与传递动力，驱动电梯运行
2. 导向系统	轿厢的导轨、对重的导轨、导靴、导轨架	限制轿厢和对重的活动自由度，使轿厢和对重只能沿着导轨做上、下运动
3. 轿厢系统	轿厢架、轿厢体	运送乘客和（或）货物的部件，是电梯的承载工作部分
4. 门系统	轿厢门（简称轿门）、层门、开门机、联动机构、门锁等	乘客或货物的进出口，运行时层门、轿门必须封闭，到站时才能打开
5. 重量平衡系统	对重和重量补偿装置等	相对平衡轿厢重量以及补偿高层电梯中曳引绳长度的影响
6. 电气控制系统	操纵装置、位置显示装置、呼梯盒、控制屏（柜）、平层装置、选层器等	对电梯的运行实行操纵和控制
7. 安全保护系统	限速器、安全钳、缓冲器和端站保护装置、超速保护装置、供电系统断相错相保护装置、上下极限工作位置的保护装置、层门锁与轿门电气联锁装置等	保证电梯安全使用，防止一切危及人身安全的事故

五、电梯的主要部件

下面就按表 1-1 的顺序，简单介绍电梯各个系统的主要部件和作用。

1. 曳引系统

电梯曳引系统的作用是产生输出动力，通过曳引力驱动轿厢的运行。曳引系统主要由曳引机（包括减速箱、制动器和曳引轮）、导向轮、曳引钢丝绳等部件组成，如图 1-6 所示。这里主要介绍曳引系统的曳引机和制动器。

（1）曳引机

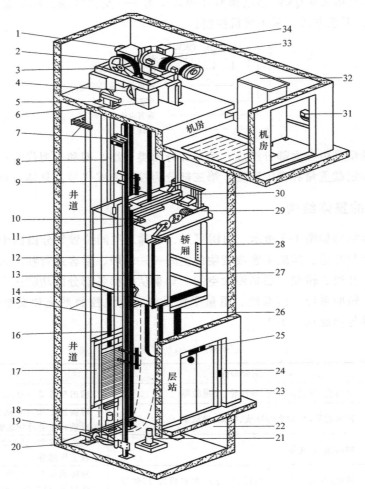

图 1-5 电梯的基本结构

1—减速箱 2—曳引轮 3—曳引机底座 4—导向轮 5—限速器 6—机座 7—导轨支架 8—曳引钢丝绳
9—隔磁板 10—紧急终端开关 11—导靴 12—轿厢架 13—轿门 14—安全钳 15—导轨 16—绳头组合
17—对重 18—补偿链 19—补偿链导轮 20—张紧装置 21—缓冲器 22—底坑 23—层门 24—呼梯盒
25—层楼指示灯 26—随行电缆 27—轿壁 28—轿内操纵箱 29—开门机 30—井道传感器
31—电源开关 32—控制柜 33—曳引电动机 34—制动器

曳引机是电梯运行的动力，曳引轿厢的运行。曳引机主要由曳引电动机、减速箱、制动器和曳引轮组成，与之相关的部件还有导向轮、曳引钢丝绳和机座等，如图 1-7 所示。曳引机通过曳引钢丝绳经导向轮将轿厢和对重装置连接，其输出转矩通过曳引钢丝绳传送给电梯轿厢，驱动力通过曳引钢丝绳与绳轮之间的摩擦力产生。

（2）制动器

电磁制动器是电梯的一个重要的安全装置，其作用是使电梯轿厢停靠准确，并在停车时使曳引机制动。电梯所用的电磁制动器如图 3-1 所示。

2. 导向系统

电梯导向系统分别作用于轿厢和对重，由导轨、导靴和导轨架组成。导轨架作为导轨的

图 1-6　电梯的曳引系统

图 1-7　曳引机

1—曳引电动机　2—电磁制动器　3—减速器　4—曳引轮　5—曳引钢丝绳　6—导向轮

支撑件被固定在井道壁上，导轨用导轨压板固定在导轨架上，导靴安装在轿厢和对重架的两侧上下移动，其靴衬（或滚轮）与导轨工作面配合，这三个部分的组合使轿厢及对重只能沿着导轨做上下运动，如图 1-8 所示。

（1）导轨

导轨是对轿厢和对重架的运动起导向作用的组件，由钢轨和连接板组成。电梯导轨是电梯上下行驶在井道的安全路轨，导轨安装在井道壁上，被导轨支架固定连接在井道墙壁。电梯常用的导轨是 T 形导轨，如图 1-9a 所示，它具有刚性强、可靠性高、安全廉价等特点。导轨平面必须光滑，无明显凹凸不平。由于导轨是电梯轿厢上的导靴和安全钳的穿梭路轨，所以安装时必须保证其间隙。

电梯导轨分为 T 形导轨、对重空心导轨和冷弯轧制导轨三大类：T 形导轨是由导轨型材经机械加工导向面及连接部位而成，主要用于电梯轿厢的导轨（小规格的 T 形导轨也可用

图 1-8　电梯的导向系统

于对重导轨）；对重空心导轨是由卷板材经过多道孔形模具冷弯成形，常用于电梯对重的导轨；冷弯轧制导轨则主要用于自动扶梯和自动人行道梯级的支承和导向。

（2）导靴

导靴是电梯导轨与轿厢之间的可以滑动的尼龙块，它可以将轿厢固定在导轨上，与导轨配合强制轿厢和对重沿着导轨运行，如图 1-9b 所示。导靴上部有油杯，用于减少靴衬与导轨的摩擦力，每台电梯轿厢安装四套导靴，分别安装在上梁两侧和轿厢底部安全钳座下面，四套对重导靴安装在对重梁的底部和上部。在高速电梯上则使用滚动导靴。

a) T形导轨　　　　　　　　　　b) 导靴

图 1-9　导轨和导靴

（3）导轨架

导轨架是支承导轨的组件，固定在井道壁上。

3. 轿厢系统

电梯的轿厢用于乘载乘客与货物，由轿厢架与轿厢体（轿壁、轿顶、轿底及操纵箱等）构成，如图 1-10 所示。

（1）轿厢架

轿厢架是固定轿厢体的承重构架，由上梁、立柱、底梁等组成。

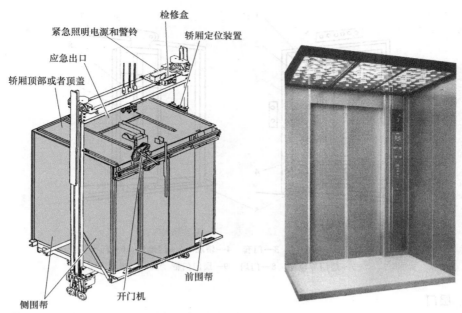

图 1-10 电梯的轿厢

（2）轿厢体

轿厢体是电梯的工作容体，具有与载重量和服务对象相适应的空间，由轿厢底、轿厢壁、轿厢顶等组成。

（3）称重装置

客梯的称重装置一般装在轿厢底部，如图 1-11 所示。称重装置用于检测轿厢的载重量，当电梯超载时该装置发出超载信号，同时切断控制电路使电梯不能起动；当重量调整到额定值以下时，控制电路自动重新接通，电梯得以运行。

图 1-11 称重装置

4. 门系统

电梯的门系统包括轿厢门、层门、开关门机构及门锁装置等，轿厢门在轿厢上，层门安装在井道各层站门口，如图 1-12 所示。

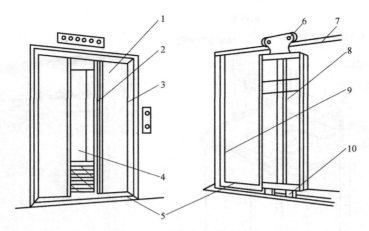

图 1-12　电梯门的基本结构

1—层门　2—轿厢门　3—门套　4—轿厢　5—门地坎　6—门滑轮
7—层门导轨架　8—门扇　9—层门门框　10—门滑块

（1）层门

层门也称为厅门，设置在层站入口的门，由门套、门扇、门导轨架、门导靴、自动门锁、门地坎、层门联动机构、门自闭和紧急开锁装置等组成。

（2）轿厢门

轿厢门是轿厢入口的门，由门扇、门导轨架、门刀（系合装置）、安全触板（光幕）、轿门地坎及门导靴等组成。

（3）开关门机构

开关门机构是轿厢门和层门开启或关闭的动力和控制装置，安装在轿厢顶。它包括开关门电动机、门刀（系合装置）、带轮（或链轮）和减速装置等，如图 1-13 所示。

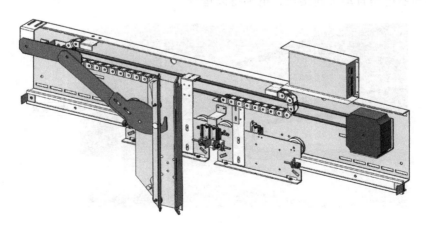

图 1-13　开关门机构

（4）门联锁装置

门联锁装置由安装在层门内侧的机械和电气联锁及轿门终端开关组成，其作用是保证电梯在厅轿门打开时不能起动运行；只有当电梯所有层门和轿门关闭好且门锁电路接通后，轿厢方可运行。

5. 重量平衡系统

重量平衡系统主要由对重架、对重块、补偿装置等组成，如图 1-14 所示。对重相对于轿厢悬挂在曳引绳另一端，曳引机只需克服轿厢与对重之间的重量之差便能驱动电梯。

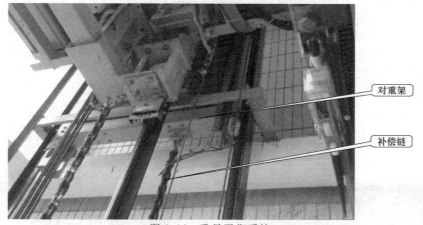

图 1-14 重量平衡系统

（1）对重块和对重架

对重块是制成一定形状和规格，具有一定重量的铸铁件；对重架是放置对重块的钢架，如图 1-15 所示。

（2）对重补偿装置

在高层电梯（提升高度超过 30m）上，为克服电梯运行过程中两侧钢丝绳重量变化而引起的平衡变化，还需增加补偿装置来完善平衡。对重补偿装置悬挂在轿厢和对重底部，用以补偿由于提升高度增加而造成曳引轮两边曳引绳自重相差过大。

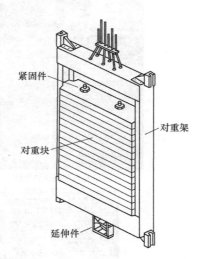

图 1-15 对重块和对重架

6. 电气控制系统

电梯的电气控制系统包括在机房上的配电箱、电气控制柜，以及安装在电梯各个部位的控制、保护电器。

（1）配电箱

配电箱的作用是为电梯的电力拖动系统和控制系统提供所需不同电压的电源。配电箱一般设置在电梯机房入口，如图 1-16 所示。由图可见配电箱上有锁，可在检修时上锁以防意外送电。

（2）电气控制柜

电梯的电气控制柜安装在机房里，内装有电梯的电气控制系统，以实现电梯的自动控制和电气保护。图 1-17a 所示是电气控制柜的外形，图 1-17b 所示是控制柜的内部结构，而图 1-17c 所示是装在控制柜右上角的电气控制板。

7. 安全保护系统

电梯是对安全保护要求很高的设备。电梯的安全保护系统由机械安全装置和电气安全装置两大类组成，主要有限速器、安全钳、缓冲器和行程终端限位保护开关等。

图 1-16 配电箱

a) 电气控制柜的外形

b) 电气控制柜的内部结构

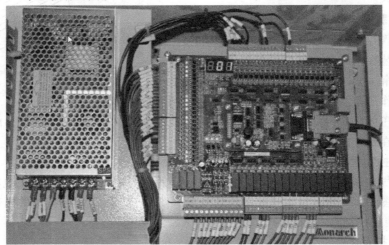

c) 电气控制板

图 1-17 机房电气控制柜

（1）限速器与安全钳

限速器通常安装在电梯机房或隔音层的地面，如图1-18a所示；安全钳（见图1-18b）则装在轿厢上。限速器和安全钳的作用是：当轿厢速度超过允许值时，限速器与安全钳动作，使轿厢紧紧卡在两列轨道之间，并由控制电路切断电梯动力电源。

a) 限速器   b) 安全钳

图 1-18   限速器和安全钳

（2）缓冲器

缓冲器的作用是：当轿厢或对重下行越出极限位置冲底时，用来减缓冲击力。缓冲器安装在电梯的井道底坑内，位于轿厢和对重的正下方，常用的两种缓冲器如图1-19所示。

a) 聚氨酯缓冲器   b) 液压缓冲器

图 1-19   缓冲器

（3）行程终端限位保护开关

防止电梯轿厢超越行程的保护装置一般是由设在井道内上下端站附近的强迫换速开关、限位开关和极限开关的碰轮组成的，这些开关或碰轮安装在导轨上，如图1-20所示，由安装在轿厢上的挡板触动而动作。

任务实施

步骤一：学习准备

1）指导教师事先了解教学电梯的周边环境等，事先做好预案（观察路线、学生分组等)。

2)指导教师对操作的安全规范要求做简单介绍。

步骤二:认识各种电梯

组织学习观看微视频,认识各种类型的电梯(客梯、货梯、特殊用途的电梯、自动扶梯和自动人行道等)。

步骤三:观察电梯结构

学生以 3~6 人为一组,在指导教师的带领下观察电梯(可用 YL-777 型实训电梯,下同),全面、系统地观察电梯的基本结构,认识电梯的各个系统和主要部件的安装位置以及作用。可由部件名称去确定位置,找出部件,然后将观察情况记录于表 1-2 中。

图 1-20 行程终端限位保护开关

表 1-2 电梯部件的功能及位置学习记录表

序号	部件名称	主要功能	安装位置	备注
1				
2				
3				
4				
5				
6				
7				
8				
9				
10				

注意:操作过程要注意安全,由于本任务尚未进行进出轿顶和底坑的规范操作训练,因此不宜进入轿顶与底坑;在机房观察电气设备也应在教师指导下进行,注意安全。

步骤四:实训总结

学生分组,每个人口述所观察的电梯的基本结构和主要部件功能。要求做到能说出部件的主要作用、功能及安装位置;再交换角色,重复进行。

相关链接

YL-777 型电梯安装、维修与保养实训考核装置简介

一、设备概述

YL-777 型电梯安装、维修与保养实训考核装置的外观如图 1-21 所示。该装置是根据真实电梯安装、调试、维护和保养要求开发的电梯实训教学平台,适合于各类职业院校和技工院校建筑设备安装与调试专业、楼宇自动化设备安装与调试专业、机电设备安装与调试专业、电气运行与控制专业的电梯安装与维修专门化方向以及职业资格鉴定中心和培训考核机构教学使用。

　　整个装置采用真实的部件组成，导轨、轿厢、层门、轿厢门、限速器、对重装置等都采用真实的部件或配套的机构。控制部分采用全数字化的微机控制系统（VVVF），曳引机采用目前主流的永磁同步电动机驱动，同时配套有相应的故障点设置，学生可以通过故障现象在装置上检测查找故障点的位置，并将其修复。学生也可以根据电梯定期检查的要求对电梯的相应部位进行检测和修护。通过在该实训装置上的实训，使学生能够真正学习和掌握电梯的维保技术及技能。本装置中特别设计的井架，为教师在实训中对学生的教学和指导提供了非常方便的平台。

图1-21　YL-777型电梯安装、维修与保养实训考核装置外观图

　　"YL-777型电梯安装、维修与保养实训考核装置"已作为全国职业院校技能大赛中职组"电梯维修保养"赛项的指定竞赛设备，而且该设备对电梯专业的建设与教学改革起到了非常重要的引领作用。该设备解决了长期以来电梯教学设备实用性与教学操作性难以统一的矛盾，实现了真实的使用功能与整合的教学功能、完善的安全保障性能三者的完美统一。该设备的研发有利于推动专业的建设与教改的深化，有利于在专业教学中实施任务驱动、学习单元教学和行动导向等具有职业教育特点的教学方法，有利于组织一体化教学，真正实现"做中学、做中教"，达到更理想的教学效果。从而实现教学环境与工作环境、教学内容与工作实际、教学过程与岗位操作过程、教学评价标准与职业标准的"四个对接"。

二、主要技术参数

1）工作电源：三相五线，AC380V/220V，±7.5%，50Hz。

2）装置尺寸：5000mm×3900mm×7800mm（长×宽×高）。

3）层门净尺寸：800mm×1000mm。

4）提升高度：1800mm。

5）额定速度：0.2m/s。

6）中分开门型式。

7）集选变频控制方式。

8）安全保护措施：接地保护、过电流、过载、漏电保护及防坠落等保护功能，符合国家相关的标准。

9）最大功率消耗：≤1.6kW。

三、功能特点

1. 结构的真实性

本设备完全采用真实电梯的机构及部件组成，完全反映了实际工程电梯的真实机构和控制系统，是一个真实工程型的教学、实训、考核装置，旨在将实际的电梯系统搬进课堂，使学生在真实的工程环境下进行学习。主要由曳引系统、导向系统、轿厢系统、门系统、重量平衡系统、电力拖动系统、电气控制系统及安全保护系统等构成。

2. 实训教学的便捷和全面性

为了尽可能反映出设备的真实性，该设备采用钢结构支架的模拟井道、真实的电梯机构及部件，模拟出电梯维修与保养真实的工作环境。源于真实、高于真实的设计理念，公开、透明的设计思路，为教学提供了真实、便捷的实训平台。

3. 教学的实际性

本装置选用目前主流的永磁同步电动机驱动，控制部分采用全数字化的微机控制系统（VVVF），整个装置采用真实的部件组成，如导轨、轿厢、层门、轿厢门、限速器、对重装置等都采用真实的部件或配套的机构，是设备真实、操作便捷的实训平台，完全符合现场工作的标准。

4. 设备的规范性

本装置采用主流的一体化控制系统、紧凑的机械机构、多重的安全保护、开放式教学平台，真实、便捷的实训平台，完全符合现场化规范的标准。

5. 产品的安全性

本装置设有制动器、限速器-安全钳、上下极限开关、门联锁机械-电气联动、急停开关、检修开关、缓冲器、防护栏、断相、错相、关门防夹等多重安全保护措施。

本装置可开设的教学实训项目主要有21项，见表1-3所列。

表1-3　YL-777型电梯安装、维修与保养实训考核装置可开设的教学实训项目

序号	系　统	实　训　项　目
1	电梯的曳引系统	曳引机制动器机械调节及故障查找实训
2	电梯的门系统	轿厢门传动机构调节、维护、故障查找及排除实训
3		层门传动机构调节、维护、故障查找及排除实训
4		轿厢门电动机变频器驱动控制电路检测调节及故障查找实训
5	电梯的导向系统	轿厢导轨检测、调节实训
6		对重导轨检测、调节实训
7		导靴与导轨检测、调节实训
8	电梯的电力拖动系统	曳引电动机变频驱动控制电路检测调节及故障查找实训
9	电梯的电气控制系统	轿厢门控制电路故障查找及排除实训
10		平层装置调节及控制电路故障查找及排除实训
11		楼层、轿厢召唤信号电路故障查找及排除实训
12		轿顶检修箱控制电路故障查找及排除实训

（续）

序号	系　　统	实　训　项　目
13		上、下行程终端位置保护装置故障查找及排除实训
14		照明控制电路故障查找及排除实训
15	电梯的电气控制系统	通信电路故障查找及排除实训
16		微机控制电路故障查找及排除实训
17		电源电路故障查找及排除实训
18		限速器动作调节实训
19	电梯的安全保护系统	限速器开关动作故障查找实训
20		安全钳检测调试实训
21		安全钳传动机构调节检测调试实训

 评价反馈

（一）自我评价（40分）

首先由学生根据学习任务完成情况进行自我评价，评分值记录于表1-4中。

表1-4　自我评价表

学习任务	学习内容	配分	评分标准	扣分	得分
学习任务1.1	1. 安全意识	10	1. 不遵守安全规范操作要求（酌情扣2~5分） 2. 有其他的违反安全操作规范的行为（扣2分）		
	2. 熟悉电梯主要部件和作用	40	1. 没有找到指定的部件（一个扣5分） 2. 不能说明部件的作用（一个扣5分）		
	3. 观察记录	40	表1-1、表1-3记录完整，有缺漏一个可扣3~5分		
	4. 职业规范和环境保护	10	1. 在工作过程中工具和器材摆放凌乱，扣3分 2. 不爱护设备、工具，不节省材料，扣3分 3. 在工作完成后不清理现场，在工作中产生的废弃物不按规定处置，各扣2分（若将废弃物遗弃在井道内的可扣3分）		

总评分＝（1~4项总分）×40%

签名：＿＿＿＿＿＿＿＿＿　＿＿＿＿＿年＿＿＿月＿＿＿日

（二）小组评价（30分）

再由同一实训小组的同学结合自评的情况进行互评，将评分值记录于表1-5中。

表1-5　小组评价表

评价内容	配分	评分
1. 实训记录与自我评价情况	30分	
2. 口述电梯的基本结构与各主要部件的作用	30分	
3. 相互帮助与协作能力	20分	
4. 安全、质量意识与责任心	20分	

总评分＝（1~4项总分）×30%

参加评价人员签名：＿＿＿＿＿＿＿＿＿　＿＿＿＿＿年＿＿＿月＿＿＿日

（三）教师评价（30分）

最后，由指导教师结合自评与互评的结果进行综合评价，并将评价意见与评分值记录于表 1-6 中。

表 1-6　教师评价表

教师总体评价意见：	
教师评分（30分）	
总评分＝自我评分＋小组评分＋教师评分	

教师签名：＿＿＿＿＿＿＿＿＿＿＿＿＿＿　＿＿＿年＿＿＿月＿＿＿日

阅读材料

一、电梯技术的发展

据说在公元前的古希腊就在宫殿里装有人力驱动的卷扬机，可以认为是现代电梯的鼻祖。但直到 1889 年美国的奥的斯公司首先使用了电动机作为电梯的动力，这才有了名副其实的"电"梯。追溯电梯一百多年来的发展史，可从以下三个方面进行回顾：

首先是驱动方式的变化。最早的电梯是鼓轮式的（见图 1-4a），这种像卷扬机式的驱动方式，使电梯的提升高度受钢丝绳长度的限制，所以那时的电梯最大提升高度一般不超过 50m。在 1903 年美国制造了曳引驱动式电梯（见图 1-4b），靠钢丝绳与曳引轮之间的摩擦力使轿厢与对重做一升一降的相反运动，使电梯的提升高度和载重量都得到了提高。由于曳引驱动方式具有安全可靠、提升高度基本不受限制、电梯速度容易控制等优点，因此一直沿用至今，成为电梯最常用的驱动方式。

其次是动力问题。既然是"电"梯，其动力当然来自电动机。最早的电梯用的电动机全是直流的，靠电枢串联电阻来控制速度。1900 年出现了用交流电动机拖动的电梯，起先是单速交流电动机，之后出现了变极调速的双速和多速交流电动机。随着电力电子技术的发展，在 20 世纪 80 年代有了交流变压变频调速的电梯。

在动力问题得到解决后，电梯的发展转向解决控制与调速问题。1915 年设计出自动平层控制系统；1949 年出现了可集中控制 6 台电梯的电梯群控系统；1955 年开始使用计算机对电梯进行控制；现在的电梯已基本采用微机进行控制。控制技术的发展使电梯的速度不断提高，1933 年美国把当时最高速的电梯安装在纽约的帝国大厦，速度也只有 6m/s；1962 年速度达到了 8m/s，到 1993 年更达到了 12.5m/s 的速度。

随着科学技术的发展，智能化、信息化建筑的兴起与完善，许多新技术、新工艺逐渐应用到电梯上。目前电梯新技术的应用包括：数字智能化的乘客识别与安全监控技术、双向安全保护技术、快速安装技术和节能环保技术等。

乘坐电梯去太空的设想最初是由苏联科学家于 1985 年提出来的，后来一些科学家相继提出各种解决方案。美国国家宇航局于 2000 年描述了建造太空电梯的概念：用极细的碳纤维制成的缆绳能延伸到地球赤道上方 3.5 万 km 的太空，为了使这条缆绳能够突破地心引力的影响，在太空中的另一端必须与一个质量巨大的天体相连。这一天体向外太空旋转的力量与地心引力相抗衡，将使缆绳紧绷，允许电磁轿厢在缆绳中心的隧道中穿行。我们正期待着有一天能够乘坐电梯去登上太空。

二、我国电梯的发展史

截至 2014 年年底，我国在用电梯数量已超过 350 万台。现在我国的电梯保有量、年产量和年增长量均居世界第一，已成为世界电梯产销的第一大国。如果从 1907 年国内安装第一部电梯算起，我国的电梯行业也有 100 多年的历史，其发展大体经历了以下三个阶段：

1. 依赖进口电梯阶段（1900~1949 年）

1900 年，美国奥的斯电梯公司通过代理商获得在中国的第一份电梯合同——为上海提供 2 部电梯。从此，世界电梯历史上展开了中国的一页。

1907 年，奥的斯公司在上海的汇中饭店（今和平饭店南楼）安装了两部电梯。这两部电梯被认为是我国最早使用的电梯。

1908 年，位于上海黄浦路的礼查饭店（后改为浦江饭店）安装了 3 部电梯。1910 年，上海总会大楼（今东风饭店）安装了 1 部德国西门子公司制造的三角形木制轿厢电梯。

1915 年，位于北京市王府井南口的北京饭店安装了 3 部奥的斯公司制造的交流单速电梯，其中客梯 2 部，7 层 7 站；杂物梯 1 部，8 层 8 站（含地下 1 层）。1921 年，北京协和医院安装了 1 部奥的斯公司电梯。

1921 年，国际烟草托拉斯集团英美烟公司在天津建立的"大英烟公司天津工厂（1953 年改名为天津卷烟厂）"厂房竣工。厂房内安装了奥的斯公司的 6 部手柄操纵的货梯。

1924 年，天津利顺德大饭店安装了奥的斯电梯公司 1 台手柄开关操纵的乘客电梯。其额定载重量为 630kg，交流 220V 供电，速度为 1m/s，5 层 5 站，木制轿厢，手动栅栏门。

1927 年，上海市工务局营造处工业机电股开始负责全市电梯登记、审核、颁照工作。1947 年，提出并实施电梯保养工程师制度。1948 年 2 月，制定了加强电梯定期检验的规定，这反映了我国早期地方政府对电梯安全管理工作的重视。

1931 年，瑞士迅达公司在上海的怡和洋行设立代理行，开展在全国的电梯销售、安装及维修业务。

1931 年，曾在美国人开办的慎昌洋行当领班的华才林私人在上海常德路 648 弄 9 号内开设了华恺记电梯水电铁工厂，从事电梯安装、维修业务。该厂成为中国人开办的第一家电梯企业。

1932 年 11 月，在台湾省台北市菊元百货公司安装了台湾省第一部商用电梯；1959 年，高雄市大新百货公司安装了台湾省第一台自动扶梯。

1935 年，位于上海的南京路、西藏路交界口的 9 层高度的大新公司（当时上海南京路上四大公司——先施、永安、新新、大新公司之一，今上海第一百货商店）安装了 2 部奥的斯公司的轮带式单人自动扶梯。这两部自动扶梯安装在铺面商场至 2 楼、2 楼至 3 楼之间，面对南京路大门。这两部自动扶梯被认为是我国最早使用的自动扶梯。

截至 1949 年，全国电梯拥有量仅约 1100 多部，其中美国生产的最多，为 500 多部；其次是瑞士生产的 100 多部，还有英国、日本、意大利、法国、德国、丹麦等国生产的。其中丹麦生产的 1 部交流双速电梯额定载重量达 8t，为新中国成立前的最大额定载重量的电梯。

2. 独立自主研制、生产阶段（1950~1979 年）

1951 年冬，中央提出要在北京天安门安装 1 部中国自己制造的电梯，任务交给了天津（私营）从庆生电机厂。4 个多月后，第 1 部由中国工程技术人员自己设计制造的电梯诞生了。该电梯载重量为 1 000kg，速度为 0.70m/s，交流单速、手动控制。

1949~1978 年，我国的电梯制造业基本上是只有原建设部定点生产的企业才能制造电梯的状况，从而导致我国电梯制造业发展缓慢。30 年间生产电梯的总量为 1 万多台，平均每家电梯企业的年生产量只有 40 多台。

3. 快速发展阶段（自 1980 年至今）

我国在用电梯数量的快速增长发生在改革开放以后，随着我国市场经济的持续快速增长、城市化进程的加快、人们物质生活的不断富足、基础设施建设投入加大，以及人口老龄化等因素，改革开放以来，我国电梯制造业呈现快速发展的态势，电梯的生产力已实现了百倍的增长，供应量也达到了五十倍的增长。以年产量为例：1980 年全国的电梯年产量仅 2249 台，1986 年突破 1 万台，1998 年突破了 3 万台，2003 年为 8.44 万台，到 2013 年已达到 62.5 万台，这个数字在多年前是不可想象的。根据电梯行业协会统计数据显示，我国电梯产量已持续 30 年一直保持两位数以上的增长，电梯产量占世界总产量的一半以上。

学习任务 1.2　电梯的安全使用

任务目标

核心知识：

掌握电梯的安全使用规程。

核心技能：

学会按照电梯的安全使用规程进行各项操作。

任务分析

通过了解电梯的安全使用规程，会按照电梯安全操作规程进行各项操作。

知识准备

根据国家的有关规定，电梯属于特种设备。特种设备的设计、制造、安装、使用、检验、维修保养和改造，由质量技术监督部门负责质量监督和安全监察。其中的"使用"是指电梯设备的产权单位，应当加强电梯的使用管理、按要求进行电梯设备注册登记、建立电梯设备档案、按要求进行电梯定期检验，可由专业的并取得资格的电梯维修保养和改造的法人单位进行电梯维修保养工作。

1. 电梯的安全使用要求

电梯是建筑物内上下运送乘客或货物的垂直运输设备。管理中特别要注意使用的安全，因此必须建立规章制度。根据电梯的运送任务及运行特点，确保电梯在使用过程中人身和设备安全是至关重要的。要想确保电梯在使用过程中人身和设备安全，必须做到以下几点：

1）重视加强对电梯的管理，建立并坚持贯彻切实可行的规章制度。

2）有司机控制的电梯必须配备专职司机，无司机控制的电梯必须配备管理人员。除司机和管理人员外，如果本单位没有维修许可资格，应及时委托有许可资格的电梯专业维修单位负责维护保养。

3）制定并坚持贯彻司机、乘用人员的安全操作规程。

4）坚持监督维修单位按合同要求做好日常维修和预检修工作。

5）司机、管理人员等发现不安全因素时，应及时采取措施直至停止使用。

6）停用超过一周后重新使用时，使用前应经维修单位认真检查和试运行后方可交付继续使用。

7）电梯电气设备的一切金属外壳必须采取保护接地或接零措施。

8）机房内应备有灭火设备。

9）照明电源和动力电源应分开供电。

10）电梯的工作条件和技术状态应符合随机技术文件和有关标准的规定。

2. 电梯运行状态

电梯的运行是程序化的，通常电梯都具备有司机运行、无司机运行、检修运行和消防运行四种状态。

（1）有司机运行状态

电梯的有司机操作运行状态是经过专门训练，有合格操作证的授权操作电梯的人员设置的运行状态。

（2）无司机运行状态

电梯处于无司机运行状态即由乘客自己操作电梯的运行状态，也称自动运行。

（3）电梯检修运行状态

电梯的检修运行状态是只能由经过专业培训并考核合格的人员才能操作电梯的运行状态。在检修运行状态下，切断了控制回路中所有正常运行环节和自动开关门的正常环节，电梯只能慢速上行或下行。

（4）电梯消防运行状态

电梯的消防运行状态是在火灾情况下由消防人员操作电梯的运行状态。在消防运行状态下，电梯只应答轿内指令信号，不应答呼梯信号，且只能逐次地进行。运行一次后将全部消除轿内指令信号，再运行需要再一次内选欲去层楼的按钮。在目的层站，不自动开门，只有持续按开门按钮才开门，门未完全打开时，松开开门按钮门会立即自动关闭。关门也是只有持续按关门按钮才关门，门未完全关闭时，松开关门按钮门会立即自动打开。

3. 电梯操作规程与安全管理制度

电梯操作规程与安全管理制度是由各地区或单位，依据本地区、本单位的具体情况加以制定的。由于各单位电梯制造厂家的不同，规格、型号的不同以及使用情况的不同，规程与制度的具体内容也不尽相同。现以国家有关的法律、标准和规范为依据，拟定出电梯司机操作规程与安全管理制度，供有关单位制定时参考。电梯制造厂家有具体规定的，以厂家规定为准。

（1）电梯司机操作规程

1）一般规则：电梯司机需要经过安全技术培训，并考试合格，取得国家统一格式的特种设备作业人员资格证书，方可上岗，无特种设备作业资格证人员不得操作电梯。

2）定期进行体检，凡患有心脏病、精神病、癫痫、色盲症以及聋哑、四肢有严重残疾的人，不能从事电梯司机工作。

3）热爱服务性的电梯工作，对工作认真、对乘客热情。

4）了解电梯的原理，熟悉电梯的功能，熟练电梯的操作方法。

5）爱护设备，做好轿厢、层站处的清洁工作。

6）配合电梯管理人员和维修人员工作时，听从指挥，不违章操作。

（2）有司机运行操作规程

1）运行前的工作内容。

电梯司机每天上班在电梯正式运行前应对电梯进行班前检查，班前检查主要包括外观检查和运行检查。

外观检查的内容有：

① 司机在开启电梯层门进入轿厢之前，务必验证轿厢是否停在该层及平层误差情况。轿厢在空载和额定载荷范围内的平层精度应符合下列要求：额定速度 $v \leqslant 0.63\mathrm{m/s}$ 的交流双速电梯在 $\pm15\mathrm{mm}$ 范围内，$0.63\mathrm{m/s} \leqslant v \leqslant 1\mathrm{m/s}$ 的交流双速电梯在 $\pm30\mathrm{mm}$ 范围内，$v \leqslant 2.5\mathrm{m/s}$ 的交、直流调速电梯均在 $\pm15\mathrm{mm}$ 范围内，$v \geqslant 2.5\mathrm{m/s}$ 的电梯应满足电梯生产厂家的设计要求。

② 进入轿厢后开启照明，检查轿厢是否清洁，层门、轿门、地坎槽内有无杂物、垃圾，轿内照明灯、电风扇、装饰吊顶、操纵盘等器件是否完好，所有开关是否在正常位置上。

③ 检查层站呼梯按钮及轿厢内外层楼指示器是否正常。

④ 查看上一班司机的运行记录。

运行检查也称试运行，即电梯司机在完成外观检查后，应关好轿厢门及层门，起动电梯从基站出发上下运行数次，并检查以下几点：

① 在试运行中进行单层、多层、端站直驶运行和急停按钮试验，并验证操纵盘上各开关按钮运作是否正常，呼梯按钮、信号指示、消号、层楼指示等功能是否正常，电梯与外部通信联络装置（如电话、对讲机、警铃等）应正常可靠。

② 上下运行中要注意电梯有无撞击声或异常声响和气味。

③ 检查门联锁开关工作是否正常，门未闭合电梯不能起动，层门关闭后应不能从外面开启，门开启、关闭应灵活可靠，无颤动响声。

④ 运行中要检查电梯运行速度，制动器工作是否正常，电梯停站后轿厢无滑移情况，轿厢平层误差应在规定范围之内。

以上各项检查合格后，电梯即可投入正常运行，否则应由检修人员进行检修，排除故障后方可使用。

2）运行后的工作内容。

① 当班工作完毕，满足所有乘梯要求后，将电梯驶回基站停放。

② 做好当班电梯运行记录，对存在的问题及时报告有关部门及检修人员。

③ 做好轿厢内外的清洁工作，清除层门、轿门地坎槽内的杂物、垃圾。

④ 做好交接班工作。如发现接班人员精神异常时不交班，无人接岗时不离岗，并及时向有关部门报告。

⑤ 如最后一班工作下班，则做好当班电梯运行记录，打扫卫生后锁梯。

（3）无司机运行操作规程

① 轿厢内应挂有电梯使用操作规程和注意事项。

② 管理人员在电梯每天开始运行前，应开着电梯上、下运行一至两趟，确保电梯处于良好状态，才将电梯置于无司机控制模式；若发现有问题，管理人员一定要及时通知签约维保单位派人来处理，一定不能让电梯带故障运行。

③ 发生突然停电时，若电梯没有装设停电就近平层停靠开门装置，应立即派人检查是否有乘员被困电梯轿厢内，如有则应及时将被困人员救出。

④ 电梯的五方通话系统应保持处于良好状态。

（4）乘客操作和使用电梯的方法及注意事项

① 查看候梯厅电梯，按层门侧的呼梯按钮，欲去所在层楼的更高层，则按"▲"，反之按"▼"。

② 注意电梯门的打开与关闭。轿厢门打开后数秒即自动关闭。若出入轿厢需延长时间，可按住轿厢操纵屏上的开门按钮或层门旁边的呼梯按钮（▲或▼）不放，直到人员走完或东西运完为止。

③ 养成文明乘坐电梯、先出后进的好习惯。进入轿厢后，若无其他人进入，可按关门按钮，轿厢门立即关闭；并请按欲达楼层的指令按钮。

④ 电梯运行后，由感觉及轿厢内的楼层显示和运行方向显示（▲或▼）确认电梯的运行方向；并由楼层显示确认轿厢到达位置，待轿厢门和层门打开后才走出轿厢。

⑤ 电梯严禁超载运行。当电梯超载时，蜂鸣器会发出警报，超载红灯亮，电梯拒绝关门运行或在关门过程中门立即打开，指导乘客立即减少载客量，直到蜂鸣器不响、超载灯灭方可运行。

⑥ 爱护电梯设备。请用手操作电梯按钮。电梯楼层选择按钮应用手指操作，禁止使用雨伞、手杖等物品敲打按钮；搭载电梯时只需按楼层选择指令按钮及开（关）门按钮，不要按不相关的按钮。

⑦ 轿厢内不准蹦跳、游戏。若乘客在轿厢内蹦跳、游戏，易使电梯设备的安全装置发生误动作而导致电梯停止运行，致使乘客被困在轿厢内。在轿厢内严禁吸烟。

⑧ 幼童不宜单独乘坐电梯，需由大人陪同搭乘电梯，以免发生意外。

⑨ 严禁强行撬开电梯门，切忌勉强逃生。电梯运行中停电或发生故障时，乘客被困在轿厢内，应立即按警铃或拨打电话（对讲机）通知管理人员等待救援。绝不可擅自强行扒开轿门，或从轿顶安全窗出逃，以免发生危险。

⑩ 在发生火灾或遇到地震时，请勿使用电梯。

（5）乘客在无司机状态下使用电梯出现紧急情况的处理

若电梯运行中发生失控或运行中突然发生停梯事故，乘客被困在轿厢内，要保持冷静和放松。电梯困人是一种保护状态,轿厢内没有危险,且通风足够,请立即按报警按钮或用电话(对讲机)通知管理人员;即使没有响应,也请保持冷静,等待救援,绝不可擅自强行扒开轿门或从轿顶安全窗出逃,以免发生危险。

电梯乘客应当按照电梯安全注意事项和警示标志正确使用电梯,不得有下列行为:

① 使用明显处于非正常状态下的电梯。

② 携带易燃、易爆物品或者危险化学品搭乘电梯。

③ 拆除、毁坏电梯的部件或者标志、标识。

④ 运载超过电梯额定载荷的货物。

⑤ 其他危及电梯安全运行的行为。

4. 电梯的施工安全

电梯的施工安全涉及维保工作人员的人身安全,因此至关重要。特别是电梯门区域是电梯最危险的地方,无论是乘客还是电梯维修工作人员,如果处在层门与轿门区域间,电梯一旦发生故障或操作稍有不慎,容易发生人身安全事故;因此,电梯维保人员在施工时要遵守基本的安全操作规程,遵守以下安全操作规定:

1)禁止无关人员进入机房或维修现场。

2)工作时必须穿戴工服、绝缘鞋。

3)电梯检修保养时,应在基站和操作层放置警戒线和维修警示牌。停电作业时必须在开关处挂"停电检修禁止合闸"告示牌。

4)手动盘车时必须切断总电源。

5)有人在坑底、井道中作业维修时,轿厢绝对不能开动,并不得在井道内上、下立体作业。

6)禁止维修人员一只脚在厢顶,另一只脚在井道固定站立操作。禁止维修人员在层门口探身到轿厢内和轿厢顶上操作。

7)维修时不得擅自更改线路,必要时须向主管工程师或主管领导报告,同意后才能改动,同时应保存更改记录并归档。

8)禁止维修人员用手拉、吊井道电梯电缆。

9)检修工作结束,维修人员需要离开时,必须关闭所有层门,关不上门的要设置明显障碍物,并切断总电源。

10)检修保养完毕后,必须将所有开关恢复到正常状态,清理现场摘除告示牌,送电试运行正常后才能交付使用。

11)电梯的维修、保养应填写记录。

相关的安全防护措施见表1-7。

5. 电梯检修运行操作规程

(1)检修操纵箱的结构和技术要求

检修运行装置包括运行状态的转换开关,操作慢速运行的上、下方向按钮和停止开关。检修运行开关按要求应设置在轿厢顶上,当轿顶以外的部位,如机房、轿厢内也有检修运行装置时,必须保证轿顶的检修开关"优先",即当轿顶检修开关处于检修运行位置时,其他地方的检修运行装置全部暂时失效。

轿厢内的检修开关应用钥匙动作,也可设在有锁的控制盒内。

表 1-7　安全防护措施

序号	内　　容	图　　片
1	维保人员在进行工作之前，必须要身穿工作服，头戴安全帽、脚穿安全鞋；如果要进出井道、轿顶，还必须要系好安全带	安全帽　安全帽带要系结实　整洁的服装　安全带系在上衣外面　安全带系绳　上衣袖口不能卷起　鞋带式安全鞋
2	在维保施工楼层，将防护栏或防护幕挂于层站门口	开口部位　危险勿近
3	在维保电梯基站，设置好安全警示标志	电梯作业　危险勿近

（2）检修运行的操作方法及注意事项

1）在轿厢内的抢修运行及操作。

① 用钥匙打开操纵盘下面的控制盒。

② 将功能转换开关旋转到检修位置。

③ 按关门按钮，将门关闭、关好。

④ 持续按上方向（▲）按钮或下方向（▼）按钮，即可使电梯慢速上行或下行。

⑤ 当松开上方向（▲）按钮或下方向（▼）按钮后，电梯即停止运行。

2）在轿厢顶上的检修运行操作。

① 在轿厢顶上的检修操作运行时，一般应不少于 2 人。

② 用三角钥匙打开轿厢所在层站的上一层站的层门。

③ 一人用手挡住层门不让其自闭，另一人将轿顶停止开关按下，使轿厢处于急停状态。

④ 两人相互配合上到轿顶安全处。

⑤ 先将功能转换开关旋转到检修位置，再将停止开关恢复到正常位置。

⑥ 关闭层门。

⑦ 持续按向上按钮或向下按钮，即可使电梯慢速上行或下行。

⑧ 当松开向上或向下按钮后，电梯即停止运行。

3）检修操作时的注意事项。

① 在电梯检修操作运行时，必须有经过专业培训的人员方可进行，且一般应不少于2人。

② 严禁短接层门门锁等安全装置进行检修运行。

③ 检修运行必须要注意安全，要相互配合、呼应。相互没有联系好时，绝不能检修运行。

④ 请勿长距离长时间检修运行，宜走走停停相结合运行。

⑤ 当检修运行到某一位置，需进行井道内或轿厢底的某些电气、机械部件检修时，操作人员必须切断轿顶检修盒上的停止开关或轿厢操纵盘的停止开关后，方可进行操作。

6. 专用钥匙管理使用要求

通常电梯专用钥匙有四种，即机房钥匙、电梯钥匙、操纵盒钥匙及开启层门机械钥匙。管理使用要求如下：

1）各种钥匙应有标识（标识应耐磨），应由指定专人保管和使用，相关手续齐全。

2）电梯驾驶人员使用的钥匙，应由安全管理人员根据工作需要发放；开启层门的钥匙，只有取得电梯上岗资格证书的人员才能使用。

3）电梯钥匙不许外借或私自配制，如不慎丢失，应及时上报；电梯备用钥匙应统一放置，专人保管。

4）应建立领用电梯钥匙的档案。单位人员变动时，应办理钥匙交接手续，且应有文字记录和双方签字。

5）更换维修保养或管理单位时，应办理交接手续并做好交接记录。

7. 报警装置的使用和要求

（1）电梯轿厢内的必备设施和说明

1）紧急报警装置（警铃、对讲机或电话），停电也可使用，并有使用说明。

2）应急照明。在轿厢正常照明电源中断情况下自动照亮，应保证能看清报警装置及说明。

3）在显著位置张贴电梯《安全检验合格》标志。

4）在乘客易于注意的显著位置张贴乘梯注意事项。

（2）电梯报警装置的设置要求

轿厢内应装有紧急报警装置，该装置应采用一个对讲系统，以便与救援服务保持联系。当电梯行程大于30m以及液压电梯机房与井道之间无法直接通过正常对话的方式进行联络时，在轿厢和机房之间应设置对讲系统或类似装置。上述装置应装备停电时使用的紧急电源。

任务实施

步骤一：学习准备

先由指导教师对电梯的使用与管理规定做简单介绍。

步骤二：电梯使用学习

学生以3~6人为一组，在指导教师的带领下认识电梯的各个部分，了解各部分的功能作用，并认真阅读《电梯使用管理规定》或《乘梯须知》等，能正确使用和操作电梯。然后根据所乘用电梯的情况，将学习情况记录于表1-8中（可自行设计记录表格）。

表 1-8 电梯使用学习记录表

序号	学习内容	相关记录
1	识读电梯的铭牌	
2	电梯的额定载重量	
3	电梯的使用管理要求	
4	其他记录	

注意：操作过程要注意安全（如进出轿厢的安全）。

步骤三：总结和讨论

学生分组讨论：

1）学习电梯使用的结果与记录。

2）口述所观察的电梯的基本组成和操作方法；再交换角色，重复进行。

3）然后进行小组互评（叙述和记录的情况），记录于表 1-11 中。

学习任务 1.3　电梯的日常管理

任务目标

核心知识：

掌握电梯日常管理的知识。

核心技能：

学会电梯的日常管理。

任务分析

知道电梯日常管理的制度与要求，并学会进行电梯的日常管理。

知识准备

电梯的日常管理

1. 电梯日常管理制度

1）电梯日常检查制度。

2）电梯维修保养制度。

3）电梯日常检查和维护安全操作规程。

4）电梯作业人员守则。

5）电梯驾驶人员安全操作规程。

6）电梯安全管理和作业人员职责。

7）电梯作业人员及相关运营服务人员的培训考核制度。

8）电梯定期报检制度。

9）意外事件和事故的紧急救援预案与应急救援演习制度。

10）电梯安全技术档案管理制度。

2．电梯的日常管理措施

（1）日常工作时电梯的管理措施

① 巡视时要检查电梯轿门和每层层门地坎有无异物。

② 每天上班时用清洁软质棉布（最好是 VCD 擦拭头）轻拭光幕。

③ 发现有人连续按电梯呼梯按钮时，要告知其正确的使用方法：只要按钮灯亮，就表示指令已经输入，不需要重复按；例如要下行，只需按下行的按钮即可，如果上、下行按钮都按反而会影响电梯使用效率。

④ 当有较多乘客要乘电梯时，要上前帮助按住梯门安全挡板或挡住光幕，也可按住上行（或下行）按钮，待所有乘客完全进入电梯后，自己方才进入。

⑤ 提醒乘客乘坐电梯时，不要靠紧轿门。

⑥ 当有小孩乘坐电梯时，要特别注意，避免引起意外事故；如发现有小孩在电梯玩耍，应立即劝阻并让其立即离开。

（2）电梯在发现故障时的管理措施

① 发现电梯在开关门或上下运行当中有异常声音、气味要立即停止使用或就近停靠后停用，通知维修人员。

② 如果发现电梯不能正常运行，要立即停用（停用方法：打开操纵箱，按下停止开关）。

③ 在每次停止使用前，都要检查里边是否有乘客。

④ 在电梯层门口布置人员，如果乘客携带重物时要协助搬运。

（3）电梯在保养或维修情况下的管理措施

① 在电梯层门口设置告示牌。

② 在电梯层门口布置人员，如果乘客携带重物时要协助搬运。

3．电梯应急管理

（1）突然停电时电梯的处理方法

① 迅速检查电梯内是否有人。

② 如果发现困人，迅速启动《电梯困人应急救援程序》。

③ 在完成检查或救人后，要在电梯层门口设置告示牌。

④ 在电梯层门口布置人员，如果乘客携带重物时要协助搬运。

（2）电梯突然停止运行时的处理方法

① 通知电梯维修人员。

② 迅速检查电梯中是否困人。

③ 如果发现困人，迅速启动《电梯困人应急救援程序》。

④ 在完成检查或救人后，要在电梯层门口布置人员，如果乘客携带重物时要协助搬运。

（3）电梯井道进水的处理方法（分为两种情况）

电梯已经进水，且停在某层不动：

① 迅速检查电梯是否困人，同时通知维修人员。

② 如果困人，迅速启动《电梯困人应急救援程序》。

③ 到机房关闭电源。

④ 将电梯通过手动的方式盘到比进水层高的地方。

⑤ 防止水继续进入电梯，清扫层门口的积水。

⑥ 在电梯层门口设置告示牌，等待修理。

⑦ 在电梯层门口布置人员，如果乘客携带重物时要协助搬运。

电梯刚进水，还在运行：

① 迅速将电梯开至电梯使用最高层楼，并关掉急停开关。

② 到机房切断电源，通知维修人员。

③ 防止水继续进入电梯，切断水源。

④ 在电梯层门口设置告示牌，等待维修人员检查或修理。

⑤ 在电梯层门口布置人员，如果乘客携带重物时要协助搬运。

（4）台风季节、暴雨季节电梯的管理

① 检查楼梯口所有的窗户是否完好、关闭。

② 将多余的电梯开到顶层，停止使用，并关闭电源。

③ 检查机房门窗及顶层是否渗水，如果有的话，要迅速通知管理处。

④ 如果只有一台电梯，要加强巡逻次数，如果发现有某处地方渗水，会影响电梯的正常使用，也要将此电梯停止使用，并关闭电源。

（5）火灾情况下的电梯管理

① 按下1楼电梯层门口的消防按钮，电梯会自动停到1楼，打开门并停止使用。

② 如果发现电梯消防按钮失灵时，用钥匙将1楼的电梯电源锁从ON的位置转到OFF位置，电梯也会自动停到1楼，打开操纵箱盖，按下"停止"的按钮。

③ 告诫用户在火灾发生时不要使用电梯。

4. 电梯机房管理规定

1）电梯机房应保持清洁、干燥，设有效果良好的通风或降温设备。

2）机房温度应控制在-5~45℃之间（建议温度最好控制在30℃左右），且保持空气流通以使机房内温度均匀。

3）机房门或至机房的通道应单独设置，且设有效果的锁具，并加贴"机房重地，闲人莫入"字样。

4）机房内要设置相应的电气类灭火器材。

5）应急工具齐全有效且摆放整齐。各类标识清楚、齐全、真实。

6）机房管理作为电梯日常管理的重要组成部分，应由专人负责落实。

任务实施

步骤一：学习准备
先由指导教师对电梯的日常管理规定做简单介绍。

步骤二：电梯管理学习

1）学生以3~6人为一组，在指导教师的带领下认识电梯的日常管理要求，并认真阅读电梯日常管理的有关规定等。然后根据所乘用电梯的情况，将学习情况记录于表1-9中（也可自行设计记录表格）。

2）可分组在教师指导下进行模拟电梯故障（如井道进水）停止运行的处理。

3）操作过程要注意安全。

表 1-9　电梯管理学习记录表

序号	学习内容	相关记录
1	电梯的日常管理规定和要求	
2	模拟处理电梯异常情况的过程记录	
3	其他记录	

步骤三：总结和讨论

学生分组讨论：

1）学习电梯管理的结果与记录。

2）口述所观察的电梯模拟故障停止运行进行处理的方法；再交换角色，重复进行。

3）然后进行小组互评（叙述和记录的情况）并记录于表 1-11 中。

评价反馈

（一）自我评价（40分）

首先由学生根据学习任务完成情况进行自我评价，评分值记录于表 1-10 中。

表 1-10　自我评价表

学习任务	学习内容	配分	评分标准	扣分	得分
学习任务 1.2、1.3	1. 学习时的纪律和态度	60分	根据学习时的纪律和学习态度给分		
	2. 观察结果记录	40分	根据表 1-8、表 1-9 的观察结果记录是否正确和详细给分		

总评分 =（1、2 项总分）×40%

签名：_____　_____年____月____日

（二）小组评价（30分）

再由同一实训小组的同学结合自评的情况进行互评，将评分值记录于表 1-11 中。

表 1-11　小组评价表

评价内容	配分	评分
1. 实训记录与自我评价情况	30分	
2. 相互帮助与协作能力	30分	
3. 安全、质量意识与责任心	40分	

总评分 =（1～3 项总分）×30%

参加评价人员签名：_____　_____年____月____日

（三）教师评价（30分）

最后，由指导教师结合自评与互评的结果进行综合评价，并将评价意见与评分值记录于表 1-12 中。

表 1-12　教师评价表

教师总体评价意见：	
教师评分（30分）	
总评分 = 自我评分 + 小组评分 + 教师评分	

教师签名：_____　_____年____月____日

阅读材料

事故案例分析（一）

1. 事故经过

一部住宅客梯因控制系统出现故障突然停在6~7层之间，司机将轿厢门扒开后，又将6层层门联锁装置人为脱开，发现轿厢在6层地面有约950mm的距离。乘客急着要离开轿厢，年轻人纷纷跳离轿厢。妇女和老人觉得轿厢地面与6层地面离得太高不敢跳。这时有人拿来一个小圆凳子放在轿厢外的6层层门处，让乘客踩着凳子离开轿厢下到地面上。一位中年女乘客面朝轿厢，一只脚刚踏在凳子上，因为女乘客的脚踏在凳子的靠近轿厢一侧，致使凳子向轿厢侧倾倒。由于女乘客的身体重心偏向轿厢一侧，随着凳子的翻倒，她整个身体从轿厢地坎下端与6层地坎之间的空隙处跌入井道，摔在底坑坚硬的水泥地上，造成女乘客头部粉碎性骨折，身体肢体多处损伤，昏迷不醒。当即送往附近医院急诊室抢救，因伤势太重抢救无效死亡。

2. 事故原因分析

1）设备存在安全隐患是造成事故的主要原因。该电梯是20世纪70年代生产的交流双速客梯，该梯轿厢地坎下侧未装护脚板。当轿厢停在6~7层之间时，轿厢地坎下侧距层门地坎之间有950 mm的空隙，有致人坠入井道的客观条件。

2）电梯司机和乘客缺乏安全意识。如果说乘客从未遇到过这种情况，但司机应当意识到此时离开轿厢是有一定危险的，应当阻止乘客的不安全行为，一方面耐心地做乘客的工作，另一方面与有关人员联系等待救援。

3）对设备管理不善，对操作人员管理不严。电梯没有护脚板已有很长时间，有关检测部门曾提出过整改意见，但未能引起领导重视。司机对疏散乘客的安全操作还不能很好地掌握。

3. 预防措施

1）加强管理，及时发现和消除设备隐患，装设合格的护脚板，其宽度应为轿厢宽度，高度应不小于750mm。

2）在该事故中，司机在轿厢地坎与层门地坎之间存在着可以致人坠入井道的间隙（超过600mm）时，绝对不能疏散乘客，应与维修人员联系等待救援，盘车平层后再放人。

3）加强安全教育，学习有关标准。

事故案例分析（二）

1. 事故经过

某住宅楼电梯需要清洗轿厢导靴，由3名电梯维修工共同作业。在清洗轿厢下面导靴时，一人操作电梯慢车上行，使轿厢地坎高出一层层门地坎1m左右，两名维修工下到底坑内，将24V低压灯泡装好，并挂在轿厢下面点亮。他们将汽油倒在脸盆内作为清洗剂。在清洗过程中，不慎将低压灯泡碰碎，底坑内突然起火，并引发脸盆内汽油起火，操作电梯的维修工发现着火后，立即将电梯驶向5层（此楼2~4层未设层门），然后跑到1层救火，马上用灭火器灭火。但灭火器已失效，未能立即扑灭，他又跑到马路对面商店找来灭火器才将火扑灭。在着火时两名维修工中的一人立即登上缓冲器想逃出底坑，但由于距1层层门地坎较高，不能爬出，只好趴在1层层门地坎上，造成下身严重烧伤。而另一名维修工在底坑内由于时间过长，造成全身皮肤大面积严重烧伤，经抢救无效死亡。

2．事故原因分析

1）这起事故的主要原因是维修工使用汽油清洗电梯部件。

2）火灾的起因是汽油挥发气体在底坑内浓度过高，当低压灯泡碰碎后，高温的灯丝点燃了底坑内的汽油挥发气体。

3）两名维修工被严重烧伤的另一个原因是灭火器失效，造成维修工被烧时间过长，抢救不及时。

4）两名维修工不能及时逃出的原因主要是：一是底坑较深；二是底坑内未按规定设置爬梯。

3．预防措施

这次事故应引起电梯管理、维修单位的重视，从中吸取教训，采取以下预防措施。

1）施工前应制定详细的施工方案及安全技术要求。规定每项作业的具体要求，并让每个施工人员了解，并实施。

2）施工的组织者应熟悉电梯有关安全操作规程以及安全注意事项。

3）施工的组织者应经常检查施工的作业情况，了解施工方法及施工安全技术实施过程。

4）施工人员应熟知、掌握每项施工项目的操作规程以及安全技术要求。例如，不准使用汽油作为清洗剂。

学习任务 1.4　电梯的日常维护保养

任务目标

核心知识

了解电梯日常维护保养的内容和要求。

核心技能

学会 1~2 个简单的电梯日常维保项目。

任务分析

通过本任务的学习，了解电梯日常维护保养的基本知识，并以电梯缓冲器的维保工作为例，认识电梯日常维护保养的基本工作内容与步骤。

知识准备

一、电梯的日常维护保养

根据 2017 年 8 月 1 日起实施的《电梯维护保养规则》（［TSG/T 5002—2017］，见"附录"）中第六条的规定：电梯的维保项目分为半月、季度、半年、年度等四类，各类维保的基本项目（内容）和要求分别见附件 A~附件 D。维保单位应当依据各附件的要求，按照安装使用维护说明书的规定，并且根据所保养电梯使用的特点，制定合理的维保计划与方案，对电梯进行清洁、润滑、检查、调整，更换不符合要求的易损件，使电梯达到安全要求，保证电梯能够正常运行。

现场维保时，如果发现电梯存在的问题需要通过增加维保项目（内容）予以解决的，应当相应增加并且及时调整维保计划与方案。如果通过维保或者自行检查，发现电梯仅依靠合同规定的维保内容已经不能保证安全运行，需要改造、维修或者更换零部件、更新电梯时，应当向使用单位书面提出。

二、电梯主要部件的维护保养知识

1. 限速器

1）限速器的动作应灵活可靠，对速度的反应灵敏。旋转部分的润滑应保持良好，每周加油一次，每年清洗换新油一次。当发现限速器内部积有污物时，应予以清洗（注意不要损坏铅封）。

2）限速器张紧装置应转动灵活，一般每周应加油一次，每年清洗一次。

3）经常检查夹绳钳口处，并清除异物，保证动作可靠。

4）及时清洁钢丝绳的油污，当钢丝绳伸长超过规定范围时应截短。

2. 安全钳

1）应经常检查传动连杆部分，应灵活无卡死现象。每月在转动部位注油润滑。楔块的滑动部分动作应灵活可靠，并涂以凡士林润滑防锈。

2）每季度检查非自动复位的安全联动开关的可靠性。安全钳起作用前，安全联动开关应能立即切断控制回路，迫使电梯停止运行。

3）每季度用塞尺检查楔块与导轨工作面间的间隙，间隙应为 3～4mm，各间隙值应相近。

3. 曳引（钢丝）绳与绳头组合

1）应使全部曳引绳的张力保持一致，当发现松紧不一时，应通过绳头螺母加以调整（相互拉力差应在 5% 以内）。

2）应经常注意曳引绳是否有机械损伤，是否存在断丝爆股情况，以及锈蚀及磨损程度等。如已达到更换标准，应立即停止使用，更换新绳。

3）应保持曳引绳的表面清洁，当发现表面粘有砂尘等异物时，应用煤油擦干净。

4）在截短或更换曳引绳时，需要重新对绳头锥套浇注巴氏合金，应严格执行操作工艺，切不可马虎从事。

5）应保证电梯在顶层端站平层时，对重与缓冲器间有足够间隙。当由于曳引绳伸长，使间隙过小甚至碰到缓冲器时，可将对重下面的调整垫摘掉（如果有的话）。如还不能解决问题，则应截短曳引绳，重新浇注绳头。

4. 轿门、层门和自动门锁

1）当门滚轮的磨损导致门扇下坠及歪斜时，应调整门滚轮的安装高度或更换滚轮，并同时调整挡轮位置，保证合理间隙。

2）应经常检查层门联动装置的工作情况，对于钢丝绳式联动机构，发现钢丝绳松弛时，应予以张紧。对于摆杆式联动机构和折臂式联动机构，应使各转动关节处转动灵活，各固定处不应发生松动，当出现层门与轿门动作不一致时，应对机构进行检查调整。

3）应保持自动门锁的清洁，在季检中应检查保养，对于必须做润滑保养的门锁，应定期加润滑油。

4）应保证门锁开关工作的可靠性，并注意触点的工作状况，防止出现虚接、假接及粘连现象，特别注意锁钩的啮合深度，一定要保证电器动作之前的啮合深度不小于7mm，用手扒开层门的力不小于300N。

5. 自动门机

1）应保持调定的调速规律，当门在开关时的速度变化异常时，应立即检查调整。

2）对于带传动的开门机，应使带有合理的张紧力，当发现松弛时应加以张紧。对于链传动的开门机，同样应保证链条合理的张紧力。

3）自动门机各转动部分应保持良好的润滑，对于要求人工润滑的部位，应定期加油。

4）自动门机的直流电动机，每季度应检查一次。如发现电刷严重磨损，应予以更换。要清除电动机内的炭屑，并在轴承处加注钙基润滑脂。

6. 缓冲器

1）对于弹簧缓冲器，应保护其表面不出现锈斑，随着使用年久，应视需要加涂防锈油漆。

2）对液压缓冲器，应保证油缸中油位的高度，一般每季度应检查一次，当发现低于油位线时，应适当添加油液（保证油的黏度相同）。

3）液压缓冲器柱塞外露部分应保持清洁，并涂抹防锈油脂。

4）每年按轿厢的检修进度进行一次液压缓冲器的冲出和复位试验。

7. 导轨和导靴

1）不论轿厢导轨还是对重导轨，都应保持润滑良好，没有自动润滑装置的应每周对导轨进行一次润滑，润滑剂可用钙基润滑脂或汽缸油。润滑作业应从上而下，以检修速度运行，操作者在轿顶加油，轿厢由配合者操作，配合者受操作者指挥，配合作业。操作者口令要准确清晰，配合者应复诵口令再证实后才操作。

2）滑动导靴衬工作面磨损过大，会影响电梯运行的平稳性。一般对侧工作面，磨损量不应超过1mm（双侧），内端面不超过2mm，磨损超限时应更换。

3）应保证弹性滑动导靴对导轨的压紧力，当靴衬因磨损而引起松弛时，应加以调整。

4）当滚动导靴的滚轮与导轨面间出现磨损不均时，应予以车修；当磨损过量使间隙增大或出现脱圈时，应予以更换。

8. 导向轮及反绳轮

1）应保证转动灵活，其轴承部分应每周补加一次润滑油脂。

2）发现绳槽的磨损深度达到1/10绳径时，应拆下车修或更换。

9. 对重补偿装置

1）当发现补偿链在运行时产生较大噪声时，应检查消声绳是否折断。检查两端固定元件的磨损情况，必要时要加固。

2）对于补偿绳，其设于底坑的张紧装置应转动灵活，上下浮动灵活，对需要人工润滑的部位，应定期添加润滑油。

3）应经常检查动、静触点的接触可靠性及压紧力，并予以适当调整，当过度磨损时应予以更换。

4）应保持触点的清洁，视情况清除表面积垢或将烧蚀处用细锉刀修平。

5）注意保持传动链条的适度张紧力，出现松弛时，应予以张紧。

10. 选层器

1）应经常检查传动钢带，如发现断齿或有裂痕时，应及时修复或更换。

2）应保持动触点盘（杆）运动灵活，视情况加注润滑油；各传动部位均应保证足够润滑，注意添加润滑油或润滑脂。

3）应经常检查动、静触点的接触可靠性及压紧力，并予以适当调整。当过度磨损时应予以更换。

4）应保持触点的清洁，视情况清除表面积垢或将烧蚀处用细锉刀修平。

5）注意保持传动链条的适度张紧力，出现松弛时，应予以张紧。

11. 电气设备

（1）安全保护开关

1）安全保护开关应灵活可靠，每月检查一次，拭去表面尘垢，核实触点接触的可靠性和弹性触点的压力与压缩裕度，消除触点表面的积尘，烧蚀地方应锉平滑，严重时应予以更换。转动和磨损部分可用凡士林润滑。

2）极限开关应灵敏可靠，每月进行一次越程检查，观察其能否可靠地断开主电源，迫使电梯停止运行。

（2）控制柜（屏）

1）应经常用软刷和吹风机清除屏体及全部电器上的积尘，保持清洁。

2）应经常检查接触器、继电器触点的工作情况，保证其接触良好可靠，导线和接线柱应无松动现象，动触点连接的导线接头应无断裂现象。

3）交流220V、三相交流380V的主电路，检修时必须分清，防止发生短路而损坏电气元件。

4）接触器和继电器触点烧蚀部分，如不影响使用性能时，不必修理；如烧伤严重，凹凸不平很显著时，可用细锉刀修平，切忌用砂布修光以保证接触面积，并将屑末擦净。

5）更换熔丝时，应使其熔断电流与该回路相匹配，对于一般控制回路，熔丝的额定电流应与该回路额定电流相一致，电动机回路熔丝的额定电流应为该电动机额定电流的2.5~3倍。

6）调整电磁式时间继电器的延时，可通过改变非磁性垫片的厚度和调节弹簧压力实现。

7）电控系统发生故障时，应根据其现象按电气原理图分区、分段查找并排除。

（3）整流器

1）熔丝选用合适，以防止整流器过负荷和短路。

2）整流器工作一定时期后会老化，使输出功率有所降低，此时可提高变压器二次电压而得到补偿。

3）整流器存放不用也会老化，使本身功率损耗增大，当存放超过3个月时，在投入使用前，应先进行成形试验，一般可按以下步骤进行：

① 先加50%额定电压，空载历时15min。

② 再加75%额定电压，空载历时15min。

③ 最后加至100%额定电压，空载15min正常后可加载投入运行。

（4）变压器

检查变压器是否过热，电压是否正常，绝缘是否良好，响声是否过大。

12. 机房和井道

1）机房禁止无关人员进入，维修人员离开时应锁门，门上应有标志。

2）应注意不让雨水漏入机房，平时保持良好通风，并注意机房的温度调节。

3）机房内不准放置易燃、易爆物品，同时要保证机房中灭火设备的可靠性。

4）底坑应干燥、清洁，发现有积水时应及时排除。

任务实施

步骤一：电梯缓冲器维保内容及方法

本任务以电梯缓冲器的维保工作为例，让学生初步了解电梯的日常维护保养工作。

电梯缓冲器的介绍可见"学习任务 1.1"，缓冲器维修保养工作的主要内容及方法见表 1-13。

注意：如在学习本课程时学生未进行电梯安全规范操作的基本训练，可让学生用缓冲器的部件进行实训操作，不要让学生进行实用或教学电梯的井道底坑作业。

表 1-13　缓冲器维保内容及方法

维护保养周期	维护保养内容及方法
季度维护保养	1. 使用棉布蘸清洁剂清洁缓冲器表面灰尘和污垢
	2. 检查缓冲器是否有漏油现象
	3. 使用油位量规检查缓冲器油位是否合适。如缺少，则必须补充
	4. 检查缓冲器表面是否有锈蚀和油漆脱落。如有，使用 1000#砂纸打磨光滑，去除锈蚀后补漆防锈
	5. 检查液压油缸壁和活塞柱是否有污垢；清洁表面，如有锈蚀，使用 1000#砂纸打磨除锈。有的活塞表面有一层防锈漆，清洁时不应去掉
	6. 使用干净棉布蘸机油润滑活塞柱
	7. 检查缓冲器顶端是否有橡胶垫块，如没有，则需补上
	8. 检查缓冲器安装是否牢固、垂直
	9. 用体重检查缓冲器运动状况：站在活塞上，跳动几下，检查活塞是否有 50~100mm 的活动范围和电气开关是否动作。如果活塞没有动，那么需要检查缓冲器是否有问题

步骤二：电梯缓冲器装置维护保养的前期工作

1）检查是否做好了电梯维保的警示及相关安全措施。

2）向相关人员（如管理人员、乘用人员或司机）说明情况。

3）按规范做好维保人员的安全保护措施。

4）准备相应的维保工具。

步骤三：电梯缓冲器装置的维护保养步骤、方法及要求

1）经常性或定期检查以下项目：

① 缓冲器的各项技术指标（如缓冲行程、缓冲减速度等）以及安全工作状态是否符合要求。

② 缓冲器的油位及泄漏情况（至少每季度检查一次），液面高度应经常保持在最低油位线上。油的凝固点应在-10℃以下，黏度指数应在 115 以上。

③ 缓冲器弹簧有无锈蚀，如有则用1000#砂纸打磨光滑，并涂上防锈漆。

④ 缓冲器上的橡胶冲垫有无变形、老化或脱落，若有应及时更换。

⑤ 缓冲器柱塞的复位情况。检查方法是以低速使缓冲器到全压缩位置，然后放开，从开始放开的一瞬间计算，到柱塞回到原位置上，所需时间应不大于90s（每年检查一次）。

⑥ 轿厢或对重撞击缓冲器后，应全面检查，如发现缓冲器不能复位或歪斜，应予以更换。

2）做好以下项目的维修保养：

① 缓冲器的柱塞外露部分要清除尘埃、油污，保持清洁，并涂上防锈油脂。

② 定期对缓冲器的油缸进行清洗，更换废油。

③ 定期查看并紧固好缓冲器与底坑下面的固定螺栓，防止松动。

步骤四：填写电梯缓冲器装置维保记录单

维保工作结束后，维保人员应填写维保记录单，见表1-14，自己签名并经用户签名确认。

表1-14　电梯缓冲器维修保养记录单

序号	维保内容	维保要求	完成情况	备注
1	维保前工作	准备好工具		
2	缓冲器复位试验	压缩后能自动复位		
		复位后，电气开关才恢复正常		
3	缓冲器柱塞	无锈蚀		
4	电气保护开关	固定牢靠、动作灵活、可靠		
5	缓冲器液位	液位正常		
6	缓冲距	顶面至轿厢距离符合要求		
7	缓冲器清洁	无灰尘、油垢		

维修保养人员：　　　　　　　　　　　　　　　　　　　日期：　　年　　月　　日

使用单位意见：

使用单位安全管理人员：　　　　　　　　　　　　　　　日期：　　年　　月　　日

注：完成情况（如完好打√，有问题打×，维修时请在备注栏说明）。

 评价反馈

（一）自我评价（40分）

首先由学生根据学习任务完成情况进行自我评价，评分值记录于表1-15中。

表1-15　自我评价表

学习任务	学习内容	配分	评分标准	扣分	得分
学习任务 1.4	1. 缓冲器维护保养	80	1. 未做缓冲器复位试验(两项各扣 1~5 分,总计扣 10 分) 2. 不按要求对缓冲器柱塞进行保养,扣 1~10 分 3. 不按要求对缓冲器电气保护开关进行保养,扣 1~10 分 4. 不按要求对缓冲器液位进行检查及加注液压油,扣 1~10 分 5. 不按要求对缓冲器缓冲距进行测量及调整,扣 1~10 分 6. 不按要求对缓冲器进行清洁,扣 1~10 分		
	2. 职业规范和环境保护	20	1. 在工作过程中工具和器材摆放凌乱,扣 1~2 分 2. 不爱护设备、工具,不节省材料,扣 1~2 分 3. 在工作完成后不清理现场,在工作中产生的废弃物不按规定处置(各扣 1~2 分,若将废弃物遗弃在井道内的可扣 4 分)		

总评分 = (1、2 项总分)×40%

签名:_____ _____年____月____日

(二) 小组评价(30 分)

再由同一实训小组的同学结合自评的情况进行互评,将评分值记录于表 1-16 中。

表 1-16 小组评价表

评价内容	配分	评分
1. 实训记录与自我评价情况	30 分	
2. 相互帮助与协作能力	30 分	
3. 安全、质量意识与责任心	40 分	

总评分 = (1~3 项总分)×30%

参加评价人员签名:_____ _____年____月____日

(三) 教师评价(30 分)

最后,由指导教师结合自评与互评的结果进行综合评价,并将评价意见与评分值记录于表 1-17 中。

表 1-17 教师评价表

教师总体评价意见:	
教师评分(30 分)	
总评分 = 自我评分 + 小组评分 + 教师评分	

教师签名:_____ _____年____月____日

项目总结

本项目主要介绍电梯的基本概念,认识电梯的整体基本结构,并介绍电梯的日常使用管理和维护保养知识。

(1) 电梯作为垂直运输的升降设备,其门类还包括自动扶梯和自动人行道。电梯有多种分类方法。我国电梯的型号主要由三大部分组成。

（2）电梯的基本结构可分为机房、井道、轿厢、层站四大空间以及曳引系统、导向系统、轿厢系统、门系统、重量平衡系统、电气控制系统和安全保护系统七个系统。

（3）电梯在使用过程中人身和设备安全是至关重要的。确保电梯在使用过程中人身和设备安全是首要职责。

（4）要重视加强对电梯的管理，建立并坚持贯彻切实可行的规章制度。

（5）电梯操作人员需要经过安全技术培训，并考试合格，取得国家统一格式的特种设备作业人员资格证书，方可上岗，无特种设备作业资格证人员不得操作电梯。

（6）电梯的日常维护保养关系到电梯的使用性能与安全，必须严格按照电梯的维保周期进行定期检查维护保养。

思 考 与 练 习 题

一、填空题

1. 如果按照用途分类，电梯主要有＿＿＿＿＿＿、＿＿＿＿＿＿、＿＿＿＿＿＿、＿＿＿＿＿＿、＿＿＿＿＿＿和＿＿＿＿＿＿等几大类。

2. 电梯的基本结构可分为＿＿＿＿＿＿、＿＿＿＿＿＿、＿＿＿＿＿＿和＿＿＿＿＿＿四大空间。

3. 电梯从功能上可分为＿＿＿＿＿＿系统、＿＿＿＿＿＿系统、＿＿＿＿＿＿系统、＿＿＿＿＿＿系统、＿＿＿＿＿＿系统、＿＿＿＿＿＿系统和＿＿＿＿＿＿系统七个系统。

4. 我国电梯的型号主要由三大部分组成：第一部分为＿＿＿＿＿＿代号，第二部分为＿＿＿＿＿＿代号，第三部分为＿＿＿＿＿＿代号。

5. 有司机控制的电梯必须配备＿＿＿＿＿＿，无司机控制的电梯必须配＿＿＿＿＿＿。

6. 电梯的检修运行状态是只能由经过专业培训并＿＿＿＿＿＿的人员才能操作电梯的运行状态，此状态时，切断了控制回路中所有＿＿＿＿＿＿环节和自动开关门的＿＿＿＿＿＿环节，电梯只能＿＿＿＿＿＿上行或下行。

7. 滑动导靴衬工作面磨损过大，会影响电梯运行的平稳性。一般对侧工作面，磨损量不应超过＿＿＿＿＿＿（双侧），内端面不超过＿＿＿＿＿＿，磨损超限时应更换。

8. 电梯的日常检查保养应由专业的并取得资格的＿＿＿＿＿＿单位进行电梯维修保养工作。

9. 电梯维修操作时，维修人员一般不少于＿＿＿＿＿＿人。

二、选择题

1. 目前额定速度在1~2m/s之间的电梯属于（　）电梯。

A. 低速　　　　　　　　B. 快速　　　　　　　　C. 高速

2. 目前电梯中最常用的驱动方式是（　　）。

A. 曳引驱动　　　　　　B. 鼓轮（卷筒）驱动　　　C. 液压驱动

3. 超高速电梯用于高度超过（　　）的建筑。

A. 10层　　　　　　　　B. 16层　　　　　　　　C. 100m

4. 在电梯检修操作运行时，必须是经过专业培训的（　　）人员方可进行。

A. 电梯司机   B. 电梯维修   C. 电梯管理

5. 电梯的运行是程序化的，通常电梯都具有（　　　）。

A. 有司机运行和无司机运行两种状态

B. 有司机运行、无司机运行和检修运行三种状态

C. 有司机运行、无司机运行、检修运行和消防运行四种运行状态

6. 司机在开启电梯层门进入轿厢之前，务必验证轿厢是否（　　　）。

A. 停在该层   B. 平层   C. 停在该层及平层误差情况

7. 电梯出现困人（关人）情况时，首先应做的是（　　　）。

A. 与轿内人员取得联系   B. 通知维修人员   C. 通知管理人员

8. 电梯在某一层站，轿厢进人后，操纵盘上的红灯亮，不关门、不运行，此状态被称为（　　　）。

A. 满载   B. 超载   C. 故障

三、判断题

1. 按照电梯的定义，电梯（轿厢）应运行在至少两列垂直于水平面或沿垂线倾斜角小于 $15°$ 的刚性导轨之间。（　　　）

2. 电梯是指仅限于垂直运行的运输设备。（　　　）

3. 自动扶梯是与地面成 $30°\sim35°$ 倾斜角的代步运输设备。（　　　）

4. 只要有把握，可以短接层门门锁等安全装置进行检修运行。（　　　）

5. 电梯司机或管理人员在每日开始工作前应试运行无异常现象后方可将电梯投入使用。（　　　）

6. 只要下班时间到，就可以将登记的信号取消掉，锁梯下班。（　　　）

7. 电梯出现故障困人时，应强行扒开轿门逃生，避免发生安全事故。（　　　）

8. 在轿厢顶上的检修操作运行时，一般不少于2人。（　　　）

四、学习记录与分析

1. 分析表1-2中记录的内容，小结观察电梯的基本结构与主要部件的过程、步骤、要点和基本要求。

2. 分析表1-8、表1-9中记录的内容，小结学习电梯使用管理规定的主要收获与体会。

3. 分析表1-14的电梯轿厢缓冲器装置维修保养记录单，明白各维保内容的维保周期，并小结电梯轿厢缓冲器装置维修保养的过程、步骤、要点和基本要求。

4. 小结电梯日常维护保养的重要性，提高电梯的使用安全保护意识。

5. 试述电梯日常维护保养指的是什么。

6. 从本项目的"阅读材料1.3"中介绍的两个事故案例，可得出什么经验教训？

五、试叙述对本项目与实训操作的认识、收获与体会

项目2

电梯的维修

项目目标

掌握电梯维保工作的安全操作规范；学会电梯常见故障的诊断与排除方法。

任务目标

核心知识

掌握电梯维保工作安全操作的步骤和注意事项。

核心技能

学会电梯机房、盘车救援、进出轿顶和底坑的规范操作。

任务分析

通过本任务的学习，掌握在电梯实训中的安全操作规范，掌握机房盘车救援、进出轿顶和底坑的规范操作，养成良好的安全意识和职业素养。

子任务 2.1.1　机房的基本操作

知识准备

1. 电梯的供电电源

电梯的供电电源装在机房，YL—777型电梯安装维修与实训考核装置的供电电源为：动力为三相五线 380V/50Hz，照明为交流单相 220V/50Hz，电压波动范围在±7%左右。机房内设一只电源控制箱，配电箱一般由三个断路器构成，如图 2-1 所示，电源开关负责送电给控制柜，轿厢照明开关和井道照明开关分别控制轿厢照明，控制井道照明，另有 36V 安全照明及开关插座。检修时箱体可上锁，防止意外送电。

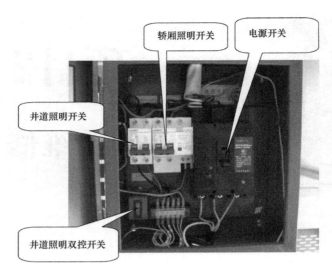

图 2-1　机房电源箱

2. 电梯的电源主开关

每台电梯都单独装设一个能切断该电梯动力和控制电路的电源主开关。主开关应能够分断电梯正常使用情况下的最大电流。但主开关不应切断下列电路的电源：

1）轿厢照明和通风。

2）轿顶电源插座。

3）机房和滑轮间照明。

4）机房、滑轮间和底坑电源插座。

5）电梯井道照明。

6）报警装置。

任务实施

步骤一：学习准备

1）实训前先由指导教师进行安全与规范操作的教育。

2）维保人员在进行工作之前，必须要身穿工作服，头戴安全帽，脚穿防滑电工鞋，同时如果要进出轿顶还必须要系好安全带，如图 2-2 所示。

3）维保人员在检修电梯时，必须要在维修保养的电梯基站和相关层站门口处放置警戒线护栏和安全警示牌，防止在保养电梯时无关人员进入电梯轿厢或进入井道，如图 2-3 所示。

步骤二：通电运行

开机时请先确认操纵箱、轿顶电器箱、底坑检修箱的所有开关置于正常位置，并告知其他人员，然后按以下顺序合上各电源开关：

1）合上机房的三相动力电源开关（AC380V）。

2）合上照明电源开关（AC220V、36V）。

3）将控制柜内的断路器开关置于 ON 位置。

图 2-2 工作前准备

图 2-3 放置警戒线、警示牌

步骤三：断电挂牌上锁

1. 侧身断电

操作者站在配电箱侧边，先提醒周围人员注意避开，然后确认开关位置，伸手拿住开关，偏过头部眼睛不可看开关，然后拉闸断电，如图 2-4 所示。

2. 确认断电

验证电源是否被完全切断。用万用表对主电源相与相之间、相与对地之间先验证，确认断电后，再对控制柜中的主电源线进行验证，以及对变频器的断电进行验证，如图 2-5 所示。

图 2-4 侧身拉闸

图 2-5 确认断电

3. 挂牌上锁

确认完成断电工作后，挂上"在维修中"的牌，将配电箱锁上，就可以安全地开展工作，如图 2-6 所示。

图 2-6　挂牌上锁

步骤四：记录与讨论

1）将机房基本操作的步骤与要点记录于表 2-1 中（可自行设计记录表格）。

表 2-1　机房基本操作记录表

步骤 1	操 作 要 领	注意事项
步骤 2		
步骤 3		
步骤 4		
步骤 5		
步骤 6		

2）学生分组讨论进行机房基本操作的要领与体会。

 相关链接

机房安全操作注意事项

1）进入机房的时候，要打开顶灯，并将身后的自闭合门固定好，离开机房的时候要对上述进行相反操作。

2）对带电控制柜进行检验或在其附近作业的时候，要集中精神。

3）在转动设备（如电动机）旁边作业时一定要小心，要警惕或去除容易造成羁绊的物件，且不要穿戴容易卷入转动设备中的服饰（如首饰、翻边裤之类）。

4）在多轿厢的电梯上作业时，要首先找到所保养轿厢的断电开关，在切断电源之前要仔细考虑操作过程。

5）切记不能用抹布擦拭曳引绳，因为抹布可能会被破损的曳引绳挂住，造成人体卷进绳轮或缆绳保护器之中。

6）电梯运转的时候，千万不可对反馈测速仪进行擦拭、调整或移动。如果在运转过程中擅动测速仪，很可能会造成电梯过速。

7）如果感觉制动轮可能有过热，则应将电梯停转，进行过热检查。

8）检查发电机或者电动机的时候务必首先切断电源，要等限速器完全停转后再开始工作。

9）在进行挂牌上锁程序前必须确定操作者身上无外露的金属件，以防止短路。

10）在拉闸瞬间可能产生电弧，一定要侧身拉闸以免对操作者造成伤害。

11）电源开关在断相情况下，设备仍可能会带电；另外，检查相与相是为了避免接地被悬空，所以对主电源相与相之间、相与对地之间都必须进行检验。

12）进行上锁、挂牌。钥匙必须本人保管，不得交给他人；完成工作后，由上锁本人分别开启自己的锁具。如果是2个或以上人员同时挂牌上锁，一般由最后开锁的人进行恢复，注意需要侧身上电。

子任务2.1.2　盘车操作

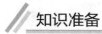

知识准备

一、救援装置

1. 手动紧急操作装置

当电梯停电或发生故障需要对困在轿厢内的人进行救援时，需要进行盘车操作。盘车操作包括人工松闸和盘车两个相互配合的操作，所以操作装置也包括人工松闸的扳手、手动盘车的手轮。一般盘车手轮漆成黄色，松闸扳手漆成红色，挂在附近的墙上，紧急需要时随手可以拿到（亚龙YL-777型电梯的盘车手轮和松闸扳手挂在电梯顶层机房的围栏上，如图2-7所示）。

2. 人工紧急开锁装置

为了在必要（如救援）时能从层站外打开层门，规定每个层门都应有人工紧急开锁装置。工作人员可用三角形的专用钥匙，从层门上部的锁孔中插入，通过门后的装置所示的开门顶杆将门锁打开，如图2-8所示。在无开锁动作时，开锁装置应自动复位，不能仍保持开

图2-7　手动紧急操作装置

图2-8　人工紧急开锁装置

锁状态。电梯的每个层站的层门均应设紧急开锁装置。

二、平层标记

为使操作时知道轿厢的位置，机房内必须有层站指示。最简单的方法就是在曳引绳上用油漆做上标记，同时将标记对应的层站写在机房操作地点的附近。电梯从第一站到最后一站，每楼层用二进制表示，在机房曳引机钢丝绳上用红漆或者黄漆表示出来，这就是平层标记，如图 2-9a 所示；而且要在机房张贴平层标记图，如图 2-9b 所示。

a) 平层标记

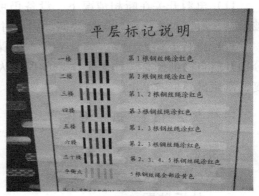
b) 平层标记说明

图 2-9　平层标记

钢丝绳标志查看方法：从靠近"平层区域"字样的曳引钢丝绳开始，按 1、2、3 依次排序，按照 8421 码的编码规则确定电梯的楼层数（8421 码的编码规则是左起第一位是 1、第二位是 2、第三位是 4、第四位是 8）。确定楼层数时只要按每位代表的数值相加，得到的数值就是楼层数。例如：如果只有第一根涂有油漆，由于第一位表示 1，则表示电梯在 1F；只有第二根涂有油漆，第二位表示 2，则表示电梯在 2F；第一根和第二根都涂有油漆，则是 1+2=3；第一根和第三根都涂有油漆则是 1+4=5；第一、二、三根都涂有油漆则是 1+2+4=7。依次计算便可以得出楼层实际位置。

任务实施

步骤一：学习准备

1）实训前先由指导教师进行安全与规范操作的教育。

2）按"子任务 2.1.1"的要求做好相关准备工作。

步骤二：盘车操作

1. 切断电源

切断主电源并上锁挂牌，应保留照明电源，如图 2-10 所示。如轿厢内有人，应告知正在施救，请保持镇定。

2. 松闸盘车

确定轿厢位置和盘车方向（是否超过最近的楼层平层位置 0.3m，当超过时须松闸盘车）。方法一：查看平层标记。方法二：在被困楼层用钥匙稍微打开层门确认。若电梯轿厢与平层位置相差超过 0.3m 时，进行如下操作：

a) 切断主电源

b) 上锁挂牌

图 2-10 切断电源

1）维修人员迅速赶往机房，根据平层图的标示判断电梯轿厢所处楼层。

2）用工具取下盘车轮开关盖，如图 2-11 所示，取下挂在附近的盘车手轮和松闸扳手，如图 2-12 所示。

3）一人安装手动盘车轮，将盘车手轮上的小齿轮与曳引机的大齿轮啮合，如图 2-13 所示。确认后，另一人用松闸扳手对抱闸施加均匀压力，使制动片松开。操作时，应两人配合口令，松、停断续操作，使轿厢慢慢移动，切记开始时一次只可移动轿厢约 30mm，不可过急或幅度过大，以确定轿厢是否可以安全移动及抱闸制动的性能。当确信可安全移动后，一次

图 2-11 取下盘车轮开关盖

可使轿厢滑移约 300mm，直到轿厢到达最近楼层平层（在盘车之前，告知乘客在施救过程中，电梯将会多次起动和停车），盘车操作如图 2-14 所示。

a) 取盘车手轮   b) 取松闸扳手

图 2-12 取下盘车手轮和松闸扳手

注意：盘车操作人员在盘车过程中，绝对不能两手同时离开盘车轮，同时两脚应站稳。

图 2-13　安装盘车手轮

图 2-14　两人配合盘车

4）用层门开锁钥匙打开电梯层门和轿厢门，并引导乘客有序地离开轿厢。

5）重新关好层门和轿厢门。

6）电梯没有排除故障前，应在各层门处设置禁用电梯的指示牌。

若电梯轿厢与平层位置相差在 300mm 以内时，进行上述 4）~6）步的操作。

3. 恢复

当所有乘客撤离后，必须把厅门、轿厢门重新关闭，在机房将松闸扳手、盘车轮放回原位，将钥匙交回原处并登记。

步骤三：记录与讨论

1）将盘车操作的步骤与要点记录于表 2-2 中（可自行设计记录表格）。

表 2-2　盘车操作记录表

步骤 1	操 作 要 领	注 意 事 项
步骤 2		
步骤 3		
步骤 4		
步骤 5		
步骤 6		
步骤 7		
步骤 8		
步骤 9		

2）学生分组（可按盘车时的配对以两人为一组）讨论进行盘车操作的要领与体会。

相关链接

盘车操作注意事项

1）确保层门、轿厢门关闭，切断主电源开关。通知轿厢内人员不要靠近轿厢门，注意安全。

2）机房盘车时，必须至少两人配合作业，一人盘车，另一人松闸，通过监视钢丝绳上的楼层标记识别轿厢是何时处于平层位置。

3）用层门钥匙开启层门，层门先打开的宽度应在 10cm 以内，向内观察，证实轿厢在该楼层，检查轿厢地坎与楼层地面间的上下间距。确认上下间距不超过 300mm 时才可打开轿厢释放被困的乘客。

4）待电梯故障处理完毕，试车正常后才可恢复电梯运行。

子任务 2.1.3　进出轿顶

 知识准备

电梯的轿顶及其相关装置

1. 轿顶

电梯轿顶如图 2-15 所示。由于安装、检修和营救工作的需要，轿顶有时需要站人。根据有关技术标准规定，轿顶要能承受三个携带工具的检修人员（每人以 100kg 计），其弯曲挠度应不大于跨度的 1/1000。此外轿顶上应有一块不小于 $0.12m^2$ 的站人用的净面积，其小边长度至少应为 0.25m。同时轿顶还应设置排气风扇以及检修开关、急停开关和电源插座，以供检修人员在轿顶上工作时使用。轿顶靠近对重的一面应设置防护栏杆，其高度不超过轿厢的高度。

2. 电梯的检修运行状态与检修运行控制装置

检修运行状态是为电梯检修和维护而设置的运行状态，检修运行时应取消正常运行的各种自动操作，如取消轿内和层站的召唤，取消门的自动操作等。

图 2-15　电梯轿顶

电梯的检修运行状态由安装在轿顶（或其他地方）的检修运行装置进行控制，如图 2-16所示。此时电梯的运行依靠持续按压方向控制按钮操纵，轿厢的运行速度不得超过 0.63m/s，门的开关也由持续按压开关门按钮控制。检修运行时所有的安全装置（如限位和极限开关、门的电气安全触点和其他的电气安全开关，以及限速器和安全钳等）均有效，所以检修运行时电梯是不能开门运行的。

由图 2-16 可见，检修运行装置包括一个运行状态转换开关、操纵运行的方向控制按钮和一个急停开关：

1）检修转换开关。检修转换开关如图 2-16 所示，是一个双稳态开关，有防误操作的措施，开关有"正常/NOR"和"检修/INS"两档（若用刀闸或拨杆开关则向下应是检修运行状态）。轿厢内的检修开关应用钥匙操作，或设在有锁的控制盒中。

2）检修运行方向控制按钮。检修运行方向控制按钮应有防误动作的保护，并标明方向。检修运行方向控制按钮如图 2-16 所示，有 3 个按钮，由上至下分别为"上行/UP""公共/COM"和"下行/DOWN"，操纵时方向控制按钮必须与中间的"公共"按钮同时按下才有效。

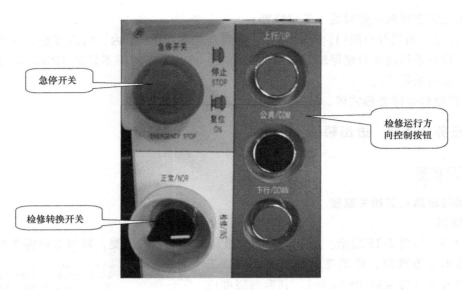

图 2-16 轿顶检修运行装置

当轿顶以外的部位如机房、轿厢内也有检修运行装置时，必须保证轿顶的检修开关"优先"，即当轿顶检修开关处于检修运行位置时，其他地方的检修运行装置全部失效。

3）急停开关。急停开关也称安全开关，如图 2-16 所示，是串接在电梯控制线路中的一种不能自动复位的手动开关，当遇到紧急情况或在轿顶、底坑、机房等处检修电梯时，为防止电梯的起动、运行，将该开关关闭切断控制电源以保证安全。急停开关应有明显的标志，按钮应为红色，旁边标以"停止/STOP""复位/ON"字样。

急停开关分别设置在轿顶操纵盒上、底坑内和机房控制柜壁上及滑轮间。有的电梯轿厢操作盘（箱）上没有设置此开关。

轿顶的停止开关应面向轿厢门，离轿厢门的距离不大于 1m。底坑的停止开关应安装在进入底坑可立即触及的地方。当底坑较深时可以在下底坑的梯子旁和底坑下部各设一个串联（或联动）的停止开关。在开始下底坑时即可将上部开关打在停止的位置，到底坑后也可用操作装置消除停止状态或重新将开关处于停止位置。轿厢装有无孔门时，轿厢内严禁装设停止开关。

任务实施

步骤一：学习准备

1）实训前先由指导教师进行安全与规范操作的教育。

2）按"子任务 2.1.1"的要求做好相关准备工作。

步骤二：进入轿顶

1）在基站设置警戒线护栏和安全警示牌，在工作楼层放置安全警示牌，如图 2-17 所示。

2）按电梯外呼按钮将电梯呼到要上轿顶的楼层，如图 2-18 所示，然后在轿厢内选下一层的指令，将电梯停到下一层或便于上轿顶的位置（当楼层较高时），如图 2-19 所示。

3）当电梯运行到适合进出轿顶的位置后，用层门钥匙打开层门 100mm 处，放入顶门器，如图 2-20 所示。按外呼按钮等候 10s，测试层门门锁是否有效（见图 2-21）。

图 2-17　放置警戒线护栏和安全警示牌

图 2-18　按电梯外呼按钮

图 2-19　在轿厢内选下一层指令

图 2-20　放置顶门器

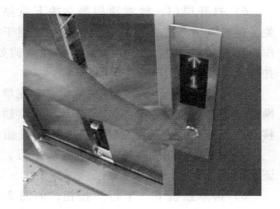

图 2-21　按外呼按钮

4）操作人员重新打开层门，放置顶门器，如图 2-22 所示。站在层门地坎处，侧身按下急停开关，如图 2-23 所示。打开 36V 轿顶照明灯，如图 2-24 所示。取出顶门器，关闭层门，按外呼按钮等候 10s，测试急停开关是否有效。

5）打开层门，放置顶门器，将检修开关拨至检修位置，如图 2-25 所示。然后将急停开关复位，取下顶门器，关闭层门，按下外呼按钮，如图 2-26 所示，测试检修开关是否有效。

图 2-22　放置顶门器

图 2-23　侧身按下急停开关

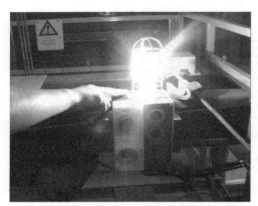

图 2-24　打开轿顶照明灯

图 2-25　将检修开关拨至检修位置

6）打开层门，放置顶门器，按下急停开关，进入轿顶。站在轿顶安全、稳固、便于操作检修开关的地方，将安全绳挂置在锁钩处，并拧紧。取出顶门器，关闭层门。

7）站到轿顶，将急停开关复位，首先单独操作"上行"按钮，如图 2-27 所示。观察轿厢移动状况，如无移动则按下"公共"按钮和"上行"按钮，如图 2-28 所示，电梯上行，验证完毕。

8）再单独按下"下行"按钮，如图 2-29所示。观察轿厢移动状况，如无移动则按下"公共"按钮和"下行"按钮，如图 2-30 所示，电梯下行，验证完毕。

图 2-26　按下外呼按钮验证检修开关

9）将电梯开到合适位置，按下急停开关，开始轿顶工作。

步骤三：退出轿顶

1. 同一楼层退出轿顶

1）在检修状态下将电梯开到要退出轿顶的合适位置，按下急停开关。

图 2-27　按下"上行"按钮

图 2-28　按下"公共"按钮和"上行"按钮

图 2-29　按下"下行"按钮

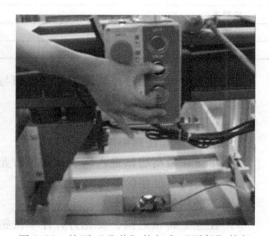
图 2-30　按下"公共"按钮和"下行"按钮

2）打开层门，退出轿顶，用顶门器固定层门。

3）站在层门口，将轿顶的检修开关复位。

4）关闭轿顶照明开关。

5）将轿顶急停开关复位。

6）取出层门限位器，关闭层门确认电梯正常运行，移走警戒线护栏和安全警示牌。

2. 不在同一楼层退出轿顶

1）将电梯开到要退出轿顶楼层的合适位置，按下急停开关。

2）打开层门，放顶门器。

3）将轿顶急停开关复位。

4）先按"公共"按钮和"下行"按钮，然后按"公共"按钮和"上行"按钮，确认门锁回路的有效性。

5）验证完毕，按下急停控制电梯。

6）打开层门，退出轿顶，用顶门器固定层门。

7）站在层门口，将轿顶的检修开关复位。

8）关闭轿顶照明开关。

9）将轿顶急停开关复位。

10）取出层门限位器，关闭层门，确认电梯正常运行，移走警戒线护栏和安全警示牌。

步骤四：记录与讨论

1）将进出轿顶操作的步骤与要点记录于表 2-3 中（可自行设计记录表格）。

表 2-3　进出轿顶操作记录表

步骤 1	操 作 要 领	注 意 事 项
步骤 2		
步骤 3		
步骤 4		
步骤 5		
步骤 6		
步骤 7		
步骤 8		
步骤 9		
步骤 10		

2）学生分组讨论进出轿顶操作的要领与体会。

相关链接

轿顶安全操作注意事项

1）尽量在最高层站进入轿顶，如果作业性质要求，则可以利用井道通道。

2）必要时要使用防坠落装备。

3）不要用手去抓绳子。

4）在登上轿顶之前，要先打开停车按钮，然后打开检修开关，最后是照明开关。直到到达安全的落脚点后，关闭层门，测试停车开关和检修站。

5）在轿顶活动的时候要小心谨慎，避免碰到轿顶紧急出口盖板、门机以及重开门控制盒。

6）严禁一脚踩在轿顶，另一脚踏在井道或其他固定物上作业。严禁站在井道外探身到轿顶上作业。

7）在轿顶进行检修保养工作时，切忌靠近或挤压防护栏，并应注意对重与轿厢间距，人体切勿伸出防护栏。且应确保轿顶防护栏牢固固定在上梁。

8）检查顶部空间。有很多液压梯的顶部空间是有限的。

9）如果电梯没有装配轿顶检修站，则需要同事在轿厢内操纵电梯，此时便需要建立良好的通信。

10）在井道中部的位置要留意上下运行的对重块。

11）对于多梯井道，要注意所检验的轿厢井道的边界。在轿顶之外有各种潜伏的危险，例如分隔梁、对重框、隔磁板以及井道开关。

12）在离开轿顶之前，要将停车按钮复位，然后从层门外将前面的各个开关按相反顺序复位。

子任务2.1.4 进出底坑

 知识准备

电梯的底坑

1. 底坑的结构组成

底坑在井道的底部，是电梯最低层站下面的环绕部分，如图2-31所示，底坑里有导轨底座、轿厢和对重所用的缓冲器、限速器张紧装置、急停开关盒等。

2. 底坑的土建要求

1）井道下部应设置底坑，除缓冲器座、导轨座以及排水装置外，底坑的底部应光滑平整，不得渗水，底坑不得作为积水坑使用。

2）如果底坑深度大于2.5m且建筑物的布置允许，应设置底坑进口门，该门应符合检修门的要求。

3）如果没有其他通道，为了便于检修人员安全地进入底坑地面，应在底坑内设置一个从层门进入底坑的永久性装置，此装置不得凸入电梯运行的空间。

图2-31 底坑的组成

4）当轿厢完全压在它的缓冲器上时，底坑还应有足够的空间能放进一个不小于0.5m×0.6m×1.0m的矩形体。

5）底坑底与轿厢最低部分之间的净空距离应不小于0.5m。

6）底坑内应有电梯停止开关，该开关安装在底坑入口处，当人打开门进入底坑时应能够立即触到。

7）底坑内应设置一个电源插座。

3. 在底坑维修时应注意的安全事项

1）首先切断电梯的底坑急停开关或动力电源，才能进入到底坑工作。

2）进底坑时要使用梯子，不准踩踏缓冲器进入底坑，进入底坑后找安全的位置站好。

3）在底坑维修工作时严禁吸烟。

4）需运行电梯时，在底坑的维修人员一定要注意所处的位置是否安全。

5）底坑里必须设有低压照明灯，且亮度要足够。

6）有维修人员在底坑工作时，绝不允许机房、轿厢顶等处同时进行检修工作，以防意外事故发生。

 任务实施

步骤一：学习准备

1）实训前先由指导教师进行安全与规范操作的教育。

2）按"子任务 2.1.1"的要求做好相关准备工作。

步骤二：进入底坑

1）在基站设置警戒线护栏、安全警示牌。工作楼层放安全警示牌。

2）按外呼按钮，将轿厢召唤至此层。

3）在轿厢内按上一层指令。

4）等待电梯运行到合适位置。用层门钥匙打开层门 100mm 处，放入顶门器，按下外呼按钮等候 10s，如图 2-32 所示，测试层门门锁是否有效（若轿厢在平层位置，应确认电梯轿厢门和相应层门处于关闭状态）。

5）打开层门，放入顶门器，侧身保持平衡，按下上急停开关，如图 2-33 所示。拿开顶门器，关闭层门，按下外呼按钮，等候 10s，测试上急停开关是否有效。

图 2-32　按下外呼按钮

图 2-33　侧身伸手按下上急停开关

6）打开层门，放置顶门器，进入底坑，打开照明开关，如图 2-34 所示。按下下急停开关，再出底坑。在层门外将上急停开关复位，拿开顶门器，关闭层门，按下外呼按钮，测试下急停开关是否有效。

7）打开层门，放置顶门器，按上急停开关，进入底坑。打开层门 100mm 处，放入顶门器固定层门，开始工作。如底坑过深，需要其他人协助放置顶门器。

步骤三：退出底坑

1）完全打开层门，用顶门器固定层门。

2）将下急停开关复位，关闭照明开关，出底坑。

图 2-34　打开底坑照明灯

3）在层门地坎处，将上急停开关复位。

4）拿开顶门器，关闭层门。

5）试运行确认电梯恢复正常后，清理现场，移开安全警示牌。

步骤四：记录与讨论

1）将进出底坑操作的步骤与要点记录于表 2-4 中（可自行设计记录表格）。

表 2-4　进出底坑操作记录表

步骤 1	操 作 要 领	注意事项
步骤 2		
步骤 3		
步骤 4		
步骤 5		
步骤 6		
步骤 7		
步骤 8		
步骤 9		

2）学生分组讨论进出底坑操作的要领与体会。

相关链接

底坑安全操作注意事项

1）准备好必备的工具，如层门钥匙、手电筒等。

2）进入底坑时，应先切断底坑急停开关，打开底坑照明。

3）打开层门，使层门固定，将门关至最小开启位置，按外呼按钮验证层门回路是否有效。

4）放好层门安全警示障碍/护栏，将电梯开至最底层，在电梯内分别按上两个楼层的内呼按钮，然后把电梯停到上一层，检查轿厢内有无乘客。

5）打开层门，按下急停开关，关闭层门，按外呼按钮，验证急停开关是否有效。

6）打开层门，打开照明开关（如果有照明开关），将层门固定在开启位置，顺爬梯进入底坑，将层门可靠固定在最小的开启位置，开始进行底坑工作（在上述验证的步骤中，验证的等待时间至少为30s。如电梯尚未安装外呼按钮，或是群控电梯，可两名员工通过互相沟通，一人在轿厢内通过按内呼按钮的方法来验证安全回路的有效性，确定安全作业步骤）。

注意：在上述验证过程中，如发现任何安全回路失效，应立即停止操作，先修复电梯故障，如不能立即修复，则须将电梯断电、上锁、设标签。

7）打开层门，将层门固定在开启位置。顺爬梯爬出底坑，关闭照明开关，拔出急停开关。

8）关闭层门，确认电梯恢复正常。

9）禁止井道上、下同时工作。必须上下配合工作时，底坑人员必须戴好安全帽。

10）注意保持底坑卫生与清洁。

评价反馈

（一）自我评价（40分）

首先由学生根据学习任务完成情况进行自我评价，评分值记录于表2-5中（注：各子任务相应选取第3、4项内容进行评价）。

表 2-5 自我评价表

学习任务	学习内容	配分	评分标准	扣分	得分
子任务 2.1.1	1. 安全意识	10分	1. 不按要求穿着工作服、戴安全帽、穿防滑电工鞋(扣10分) 2. 在基站没有设防护栏(扣2分) 3. 在基站没有设警示牌(扣2分) 4. 不按安全要求规范使用工具(扣4分) 5. 其他的违反安全操作规范的行为(扣2分)		
	2. 职业规范和环境保护	10分	1. 在工作过程中工具和器材摆放凌乱(扣3分) 2. 不爱护设备、工具,不节省材料(扣3分) 3. 在工作完成后不清理现场,在工作中产生的废弃物不按规定处置(各扣2分,若将废弃物遗弃在井道内的可扣3分)		
	3. 通电操作	40分	1. 没有做好操作前全面检查(扣5分) 2. 没有大声告知其他人员准备通电(扣5分) 3. 没有侧身合闸(扣10分) 4. 没有按顺序操作(扣10分)		
	4. 断电操作	40分	1. 没有侧身断电(扣10分) 2. 没有验电(扣10分) 3. 没有上锁(扣10分) 4. 没有挂牌(扣10分)		
子任务 2.1.2	1. 盘车救人的基本操作	60分	1. 没有及时安抚被困乘客(扣5分) 2. 没有断电后挂牌上锁(扣5分) 3. 轿厢位置和盘车方向判断有误(扣10分) 4. 判断电梯在平层区后停止盘车,没有把救援装置放回原处(扣10分) 5. 没有用专用工具合理开门(扣10分) 6. 人员救出来后没有及时关好层门、轿门(扣10分) 7. 恢复电梯没有确认是否正常(扣10分)		
	2. 盘车的姿势	20分	1. 盘车松闸时两脚没有站稳(6分) 2. 盘车时两手离开盘车轮(扣8分) 3. 盘车口号配合不默契(扣6分)		
子任务 2.1.3	1. 进入轿顶	50分	1. 轿厢没有停在合适的位置(扣10分) 2. 三角钥匙使用不正确(扣10分) 3. 没有验证层门回路(扣10分) 4. 没有验证急停回路(扣10分) 5. 没有验证检修回路(扣10分)		
	2. 出轿顶	30分	1. 没有将电梯运行至易于出轿顶的位置(扣10分) 2. 不在同一层,没有验证层门回路(扣10分) 3. 急停开关复位;检修开关打在正常位置;轿顶照明关闭(扣10分)		
子任务 2.1.4	1. 进入底坑	50分	1. 操作时头和身体越过层门(扣20分) 2. 不正确使用顶门器(扣10分) 3. 没有验证层门门锁(扣10分) 4. 没有验证上急停回路(扣10分) 5. 没有验证下急停回路(扣10分)		
	2. 出底坑	30分	1. 没有将急停开关复位;底坑照明关闭(扣15分) 2. 工作结束后,没有让电梯恢复工作(扣15分)		

总评分＝(1~4项总分)×40%

签名:_____   _____年____月____日

（二）小组评价（30分）

由同一实训小组的同学结合自评的情况进行互评，将评分值记录于表2-6中。

表2-6　小组评价表

评　价　内　容	配分	评分
1. 实训记录与自我评价情况	30分	
2. 相互帮助与协作能力	30分	
3. 安全、质量意识与责任心	40分	

总评分=（1~3项总分）×30%

参加评价人员签名：_____　_____年____月____日

（三）教师评价（30分）

最后，由指导教师结合自评与互评的结果进行综合评价，并将评价意见与评分值记录于表2-7中。

表2-7　教师评价表

教师总体评价意见：	
教师评分（30分）	
总评分=自我评分+小组评分+教师评分	

教师签名：_____　_____年____月____日

学习任务2.2　电梯电气系统的维修

任务目标

核心知识

了解电梯电气控制系统的构成与基本原理，熟悉电气故障的类型。

核心技能

学会电梯常见电气故障的诊断与排除方法。

任务分析

通过完成机房电气控制柜、安全保护电路、开关门电路的故障诊断与排除等工作任务，学会电梯电气控制原理图的识读，了解电梯电气控制系统的构成，并学会电梯常见电气故障的诊断与排除方法。

知识准备

一、电梯电气系统的构成

电梯的电气系统包括电力拖动系统和电气控制系统；如果从硬件的角度区分，由电源总开关、电气控制柜（屏）、轿厢操纵箱以及安装在电梯各部位的安全开关和电气元器件组成；如果按电路功能分，又可分为电源配电电路、电梯开关门电路、电梯运行方向控制电路、电梯安全保护电路、电梯呼梯及楼层显示电路和电梯消防控制电路等。现简介如下：

1. 电源配电电路

电源配电电路的作用是将市电网电源（三相交流 380V，单相交流 220V）经断路器配送到主变压器、相序继电器、照明电路等，为电梯各电路提供合适的电源电压。

2. 开关门电路

开关门电路的作用是根据开门或关门的指令以及门的开、关是否到位，门是否夹到物品，轿厢承载是否超重等信号，控制开关门电动机的正反转起动和停止，从而驱动轿厢门启闭，并带动层门启闭。

为了保护乘客及运载物品的安全，电梯运行的必备条件是电梯的轿厢门和层门均锁好，门锁接触器给出正常信号。

3. 运行方向控制电路

运行方向控制电路的作用是当乘客、驾驶人员或维保人员发出召唤信号后，微机主控制器根据轿厢的位置进行逻辑判断后，确定电梯的运行方向并发出相应的控制信号。

4. 安全保护电路

电梯在运行过程中，会出现各种异常现象（如设备异常、电梯行程超限等），或因操作不当，或是在进行检修保养时需要在相应的位置上保证维保人员的安全。电梯安全保护电路的作用是：在出现以上情况时，安全接触器 JDY 断电以切断电梯的电源。

5. 呼梯及楼层显示电路

呼梯及楼层显示电路的作用是将各处发出的召唤信号转送给微机主控制器，在微机主控制器发出控制信号的同时把电梯的运行方向和楼层位置通过楼层显示器显示。

6. 消防控制电路

消防控制电路的作用是在电梯发生火警时，使电梯退出正常服务而转入消防工作状态。大多数电梯会在基站呼梯按钮上方安装一个"消防开关"，该开关用透明的玻璃板封闭，开关附近注有相应的操作说明。一旦发生火灾，用硬器敲碎玻璃面板，按动消防开关，电梯马上关闭层门，及时返回基站，使乘客安全脱离现场。

二、电气系统的故障类型及寻找方法

电梯电气系统的故障发生点比较分散，可能是机房控制柜内的电气元器件，也可能是安装在井道、轿厢、层门外的电气元器件等。准确地诊断并正确排除电梯电气故障的前提是熟练掌握电梯电气控制原理，熟识各元器件的安装位置和线路的敷设情况，并掌握排障的步骤和方法。

1. 电梯电气故障的类型

（1）断路型故障

断路型故障就是应该接通工作的电气元器件不能接通，从而引起电路出现断点而断开，不能正常工作。造成电路接不通的原因是多方面的：如电气元器件引入、引出线的压紧螺钉松动或焊点虚焊造成断路或接触不良；电器的触点表面有氧化层或污垢、或触点表面被电弧烧蚀；触点的簧片在接通或断开时被所产生的电弧加热，自然冷却后失去弹力，造成触点的接触压力不够而接触不良；当一些继电器或接触器吸合和复位时，触点产生颤动或抖动造成开路或接触不良；电气元器件的烧毁或撞毁造成断路等。

（2）短路型故障

短路型故障就是不该通的电路被接通，而且接通后电路内的电阻很小，造成短路。短路时轻则使熔断器熔断，重则烧毁电气元器件，甚至引起火灾。对已投入正常运行的电梯电气控制系统，造成短路的原因也是多方面的，如电气元器件的绝缘材料老化、失效、受潮造成短路；由于外界原因造成电气元器件的绝缘损坏，以及外界导电材料进入造成短路等。

断路和短路是以继电器和接触器为主要控制器件的电梯电气控制系统中较为常见的故障。

（3）位移型故障

电梯有的电气控制电路是靠位置信号控制的，这些位置信号由位置开关发出。例如，电梯运行的换速点、消号点、平层点的确定；控制开关门电路中的"慢""更慢""停止"位置信号的发出是靠凸轮组控制的；安全电路的上（下）行强迫换速信号、上（下）行限位信号是靠打板和专用的行程开关控制的。在电梯运行过程中，这些开关不断与凸轮（或打板）接触碰撞，时间长了，就容易产生磨损位移。位移的结果轻则使电梯的性能变坏，重则使电梯产生故障。

（4）干扰型故障

对于采用微机作为过程控制的电梯电气控制系统，则会出现其他类型的故障。例如，外界干扰信号的原因而造成系统程序混乱产生误动作，通信失效等。

2. 电气控制系统故障的诊断与排除预备知识

（1）掌握电路原理

电梯的电气系统，特别是控制电路，结构复杂。一旦发生故障，要迅速排除，单凭经验是远不够的，必须掌握好电气控制电路的工作原理，并弄清选层（定向）、关门、起动、运行、换速、平层、停梯、开门等控制环节电路的工作过程，明白各电气元器件之间的相互关系及其作用，了解电路原理图中各电气元器件的安装位置，对于存在机电配合的位置，明白它们之间是怎样实现配合动作的，才能准确地判断故障的发生点，并迅速予以排除故障。

（2）分析故障现象

在判断和检查排除故障之前，必须清楚故障的现象，才有可能根据电路原理图和故障现象，迅速准确地分析判断出故障的性质和范围。查找故障现象的方法很多，可以通过听取驾驶人员、乘用人员或管理人员讲述发生故障时的现象，或通过看、闻、摸以及其他的检测手段和方法查找。

① 看：就是查看电梯的维修保养记录，了解在故障发生前有否做过任何调整或更换元器件。观察每一零件是否正常工作；看故障灯、故障码或控制电路的信号输入、输出指示是否正确；看电气元器件外观颜色是否改变等。

② 闻：就是闻电路元器件（如电动机、变压器、继电器、接触器线圈等）是否有异味。

③ 摸：就是用手触摸电气元器件温度是否异常，拨动接线圈是否松动等（要注意安全）。

④其他的检测方法：如根据故障代码、借助仪器仪表（万用表、钳形电流表、绝缘电阻表等）检测各电路中的参数是否正常，从而分析判断故障所在。

最后，根据电路原理图确定故障性质，准确分析判断故障范围，制订切实可行的维修方案。

3. 电梯电气系统故障的查找步骤和方法

查找电梯电气控制电路故障的方法主要有程序检查法、电压法、短接法、断路法和分区分段法五种，下面分别具体介绍。此外还有替代法、电流法、低压灯光检测法、铃声检测法等。

（1）程序检查法

程序检查法是把电气控制电路的故障确定在具体某个电路范围内的主要方法。

电梯正常运行过程，都经过选层、定向、关门、起动、运行、换速、平层、开门的过程循环。其中每一步叫作一个工作环节，实现每一个工作环节的控制电路叫作工作环节电路。这些电路都是先完成上一个环节才开始下一个工作环节，一步跟着一步，一环紧扣一环。所谓程序检查法，就是维修人员模拟电梯的操作程序和各环节电路的逻辑关系，观察各环节电路的信号输入和输出是否正常。如果某一信号没有输入或输出，说明此环节电路出了故障，维修人员可以根据各环节电路的输入、输出指示灯的动作顺序或电气元器件动作情况，判断故障出自哪一个控制环节电路，然后再确定故障出于此环节电路上的哪个电气元器件上。

（2）电压法

所谓电压法，就是使用万用表的电压档检测电路某一元器件两端的电位的高低，来确定电路（或触点）的工作情况的方法。使用电压法可以测定触点的通或断：当触点两端的电位一样时，电压降为零时，也就是电阻为零，判断触点为通；当触点两端电位不一样时，电压降等于电源电压，也就是触点电阻为无限大，即可判断触点为断。

（3）短接法

短接法就是用一段导线逐段接通控制电路中各个开关接点（或线路），模拟该开关（或线路）闭合（或接通）来检查故障的方法。短接法只是用来检测触点是否正常的一种方法。当发现故障点后，应立即拆除短接线，不允许用短接线代替开关或开关触点的接通。

短接法主要用来寻找电路的断点。例如，安全回路故障。电梯正常运行时所有的安全开关与电器触点都要处于接通状态，因为串联在安全回路上的各安全开关安装位置比较分散，一旦其中一个的安全开关或继电器触点意外断开或接触不良，将会造成安全回路不能工作，使电梯无法运行。所以如果没有合适的方法，要想尽快找出故障所在点十分困难，在这种情况下短路法是较为有效的方法。下面介绍用短接法查找安全回路故障的步骤：

① 检测时，一般先检查电源电压，看是否正常。在电源电压正常的情况下，用上述电压法检查开关、元器件的触点是否接通或断开。

② 对于初步判断为断开的开关、元器件触点，可用一根短接线模拟接通该断点，若电路恢复正常，则可确定该触点出现故障断开。

③ 松开短接线，修复触点。

（4）断路法

电梯电气控制电路有时还会出现不该接通的触点被接通，造成某一环节电路提前动作，使电梯出现故障。排除这类故障的最好方法是使用断路法。所谓断路法，就是把产生上述故障的可疑触点或接线人为断开，排除短路的触点或接线，使电路恢复正常。例如，定向电路，如果某一层的内选触点烧结，就会出现不选层也会自动定向的故障。这时最好使用断路法，把可疑的某一层内选零件触点的连接线拆开，如果故障现象消失，则说明故障就在此处。

断路法主要用于排除"或"逻辑关系的控制电路触点被短路的故障。

（5）分区分段法

对于因故障造成对地短路的电路，保护电路熔断器的熔体必然熔断。这时可以在切断电源的情况下，使用万用表的电阻档按分区、分段的方法进行全面测量检查，逐步查找，把对地短路点找出来。也可以利用熔断器作为辅助检查方法，此方法就是把好的熔断器安装上，然后分区、分段送电，查看熔断器是否烧毁。如果给 A 区电路送电后熔断器不烧毁，而给 B 区电路送电后熔断器立即烧毁，这说明短路故障点肯定发生在 B 区。如 B 区域比较大，还可以把其分为若干段，然后再按上述方法分段送电检查。这就是分区分段法。

采用分区分段法检查对地短路的故障，可以很快地把发生故障的范围缩到最小限度。然后再断开电源，用万用表电阻档找出对地短路点，把故障排除。

子任务 2.2.1 机房电气控制柜的维修

 知识准备

电梯的机房电气控制柜

电梯的机房电气控制柜如图 1-17 所示，机房电气控制柜的主要电气元器件见表 2-8。机房电气控制柜电源电路如图 2-35 所示，由机房电源箱输入的 380V 三相交流电经主变压器降压后产生三路电压输出，作为各控制电路的工作电源。具体分析如下：

表 2-8　机房电气控制柜主要电气元器件一览表

序号	名　　称	符号	型号/规格	单位	数量	功　　能
1	断路器	NF1	AC380V	个	1	控制主变压器输入电源
2	断路器	NF2	AC220V	个	1	控制开关电源输入及 201、202 输入端
3	断路器	NF3	AC110V	个	1	控制 AC110V 桥式整流输入端电源
4	断路器	NF4	DC110V	个	1	控制 DC110V 输出电源
5	相序继电器	NPR		个	1	断相、错相保护
6	主变压器	TR1		个	1	控制系统电压分配及电源隔离
7	整流桥	BR1	AC110V/ DC110V	个	1	将交流电转变为直流电源
8	安全接触器	JDY		个	1	起在电气控制上保障电梯安全运行作用
9	开关电源	SPS		个	1	信号控制系统供电（DC24V）
10	抱闸接触器	JBZ		个	1	保证电梯安全运行、控制抱闸线圈工作状态
11	门锁接触器	JMZ		个	1	确保电梯在所有的层门、轿门已关闭好电梯才能安全运行
12	电源接触器	MC		个	1	控制变频器 AC380V 输入电源
13	主控制电路板	MCTC-MCB		块		电梯信号控制系统主板
14	锁梯继电器	JST		个	1	电梯停用时锁梯
15	运行接触器	CC		个	1	决定电梯曳引主机控制回路的工作状态
16	变频器	INV		个	1	曳引电动机速度控制
17	电话机	FDH		个	1	与轿顶、底坑等通信联络
18	排风扇	FAN1		个	1	控制柜散热
19	检修转换开关	INSM		个	1	电梯运行状态转换
20	急停开关	EST1		个	1	安全保护
21	检修上行按钮	CICU		个	1	检修状态时点动上行
22	检修下行按钮	CICD		个	1	检修状态时点动下行

1）由机房电源箱输入的 380V 三相交流电经断路器 NF1 控制，一路送相序继电器 NPR（相线 T 直接送相序继电器），另一路送主变压器 TR1 的 380V 输入端。经主变压器降压后，分交流 110V 和交流 220V 两路输出。交流 220V 经断路器 NF2 和安全接触器动合（又称常开）触点后，分别送开关电源以及作为光幕控制器和变频门机控制器电源送出。交流 110V 经断路器 NF3 控制后，一路作为安全接触器和门锁接触器线圈电源送出，另一路送整流桥整流后输出直流 110V 电压，作为抱闸装置电源送出。

2）开关电源输出直流 24V，经安全接触器动合触点和锁梯继电器动断（又称常闭）触点控制，作为微机主控制板电源以及楼层显示器电源送出。

3）由机房电源箱送来的 220V 单相交流电经控制柜后作为各照明电路的电源和应急电

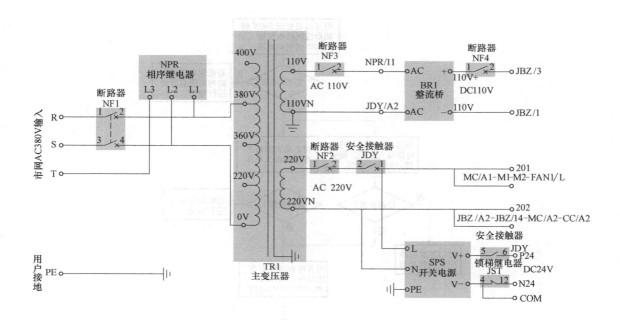

图 2-35　机房电气控制柜电源电路图

源输入端送出。

机房电气控制柜电源电路故障检修流程图如图 2-36 所示。

任务实施

步骤一：实训准备

1）实训前先由指导教师进行安全与规范操作的教育。

2）按要求做好相关准备工作（工具、器材、分组等）。

3）检查是否做好了电梯发生故障的警示及相关安全措施。

4）向相关人员（如管理人员、乘用人员或司机）了解故障情况。

5）按规范做好维保人员的安全保护措施。

步骤二：机房电气控制柜检查的步骤与方法

1）在电源总开关断开的情况下，对控制柜的部件实施"看、闻、摸"的检查方法。若没有发现明显的故障部位（故障点），再进行以下操作。

2）判断市网电压 380V 供电是否正常，然后可按图 2-36 所示流程进行检修（也可以从各电源电压输出端开始，用电压法反向测量，如图 2-38 所示）。

3）在市网电压 380V 供电正常的情况下，接通电源总开关，通过观察，如果故障比较明显，则可直接对局部电路进行检测，不必按图 2-36 所示流程进行检测。

步骤三：机房电气控制柜典型故障诊断与排除的步骤与方法

现以安全接触器回路故障为例介绍电气控制柜故障诊断与排除的基本方法。例如：通过观察发现安全接触器没有吸合，可以先用万用表交流电压档测量其线圈有没有电压，如图 2-37 所示，如果没有电压，则首先检查安全回路是否接通。具体操作步骤是：

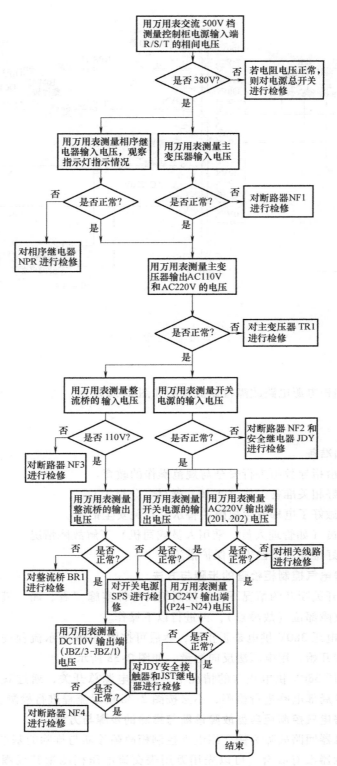

图 2-36 机房电气控制柜电源电路故障检修流程图

1）首先断开电源总开关，断开安全接触器线圈的一端，测量安全回路的电阻值，如果为零，则表明安全回路没有断开点。

2）然后恢复供电，测量安全回路的电源输入端 NF3/2 和 110VN 的电压，结果为零，经检查发现故障原因是从断路器 NF3 引出的 NF3/2 端接触不良，造成安全回路的电源电压不正常，安全接触器不吸合，所以电梯不能运行。

3）重新把该接线端接牢固，故障排除，电梯恢复正常。

4）又如，经检查，楼层显示器没有 DC24V 电源供给，则可参照图 2-38，对电源配电环节的对应回路进行检测（可自行分析）。

图 2-37　测量安全接触器的线圈电压

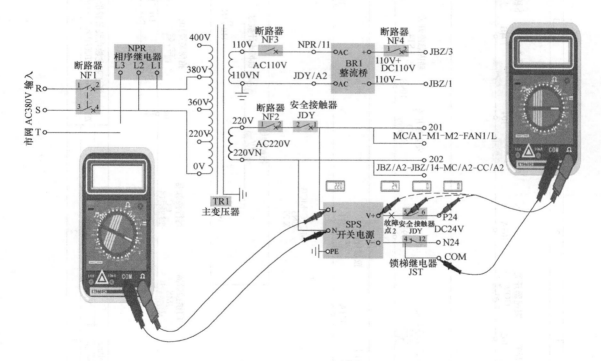

图 2-38　检测 DC24V 电源配电环节故障示意图

子任务 2.2.2　安全保护电路的维修

知识准备

电梯的安全保护电路

电梯的安全保护电路如图 2-39 所示，该电路实际是安全接触器 JDY 的线圈回路，在该回路中串联了断路器（NF3/2）、相序继电器（NPR）、控制柜急停开关（EST1）、限速器开

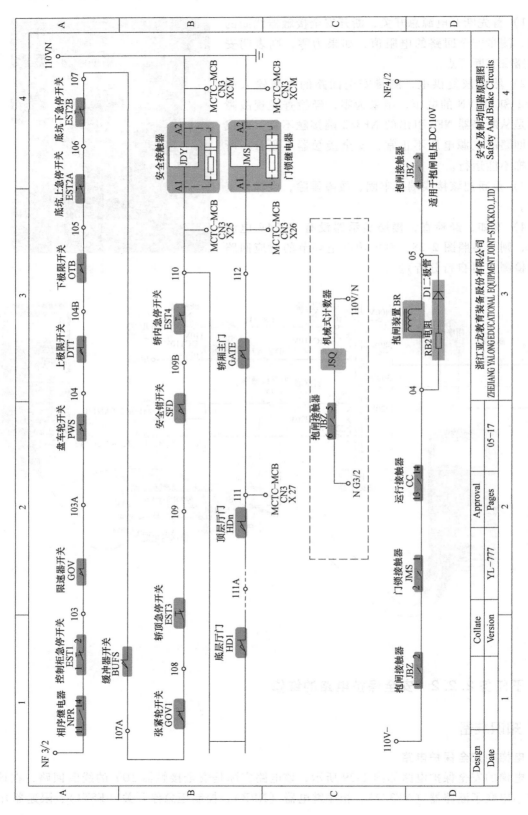

图 2-39 安全保护电路

关（GOV）、盘车轮开关（PWS）、上极限开关（DTT）、下极限开关（OTB）、底坑上急停开关（EST2A）、底坑下急停开关（EST2B）、缓冲器开关（BUFS）、张紧轮开关（GOV1）、轿顶急停开关（EST3）、安全钳开关（SFD）、轿内急停开关（EST4）等电器的触点，若任一电器的触点因故障（或在检修时人为）断开，JDY线圈即断电，从而切断SPS开关电源、主控制微机板、变频器等的DC24V供电电源，起到保护作用。

任务实施

步骤一：安全保护电路故障诊断与排除的前期工作

1）检查是否做好了电梯发生故障的警示及相关安全措施。

2）向相关人员（如管理人员、乘用人员或司机）了解故障情况。

3）查看外部供电是否正常。

4）检查安全回路接触器动作是否正常。

5）按规范做好维保人员的安全保护措施。

步骤二：电梯安全保护电路故障判断与排除的步骤与方法

电梯运行的先决条件是安全回路的所有安全开关、继电器触点都要处于接通或正常状态下，安全接触器JDY正常工作，得电吸合。

由于安全回路是串联电路，任何一个安全开关或继电器触点断开、接触不良都会造成安全回路不能工作，使电梯无法运行。因为串联在安全回路上的各安全开关安装位置比较分散，所以要尽快找出故障所在点比较困难，较好的方法是采用电位法结合短接法查找故障点。

电位法结合短接法查找安全回路故障的步骤如下：

1）检测时，一般先检查电源电压是否正常。继而可检查开关、元器件触点应该接通的两端，若电压表上没有指示，则说明该开关或触点断路。若线圈两端的电压值正常，但继电器不吸合，则说明该线圈断路或是损坏。

2）在机房电控柜内根据安全保护回路中的接线端先用电位法检查：先测量从NF3/2端到110VN端是否有110V电压，如果有则说明电源有电；然后将一支表笔固定在"110VN"端，另一支表笔放在接线端"104B"处，如果电压表没有110V电压指示，则说明"NF3/2"端到"104B"端的电器元器件不正常，故障点应在该范围内寻找。假设表笔放置于接线端"103"处有电压指示，继续测量下一个点，将表笔置于"103A"处有电压指示时，则继续查找，将表笔置于"104"处没有电压指示时，则可以初步断定故障点应该在接线端"104"与"103A"之间的盘车轮开关元件上。然后用短接线短接"104""103A"，如果安全接触器JDY吸合，证明故障应该发生在盘车轮开关元件上，然后找到该元件进行修复或更换，从而达到将故障排除的目的，如图2-40所示。

注意：短接法只是用来检测触点是否正常的一种方法，须谨慎采用。当发现故障点后，应立即拆除短接线，不允许用短接线代替电器元器件或电器元器件触点的接通。短接法只能寻找电路中串联开关或触点的断点，而不能判断电器线圈是否损坏（断路）。

当然，也可以采用电阻法代替短接法来检测触点是否断开，但必须注意应在电路不带电的情况下操作。据此，首先断开电源配电环节的电源（把断路器NF1拨到断开位置，并确定NF3/2端不带电），然后，断开安全回路的一端（把断路器NF3拨到断开位置）。接下来，如图2-41所示，选择万用表的电阻档进行测量。在机房电控柜的接线端中找到编号为

110、104 和 103A 的接线端，分别测量 110 与 104 端、110 与 103A 端的通断情况。结果：前者接通，后者没有接通。显然，故障断点发生在盘车轮开关元件。

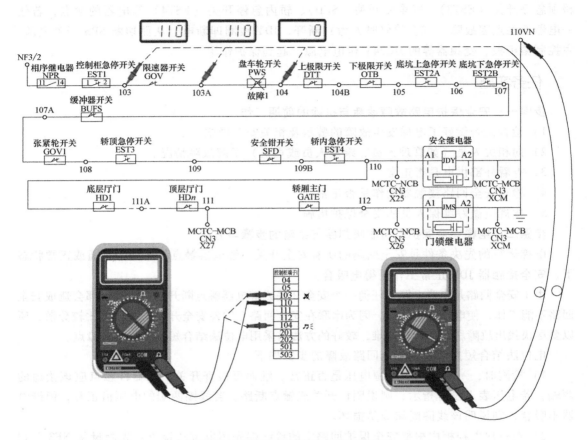

图 2-40　查找安全保护回路故障示意图一

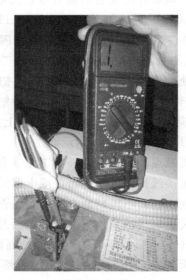

图 2-41　测量盘车轮开关元件

如图 2-41 所示,用万用表测量盘车轮开关两端,没有接通。经检查,有一端的接线松脱,重新接牢固,故障排除。

如果想加快检查的速度,也可以采用优选法分段测量,如图 2-42 所示,请自行分析并写出操作步骤。

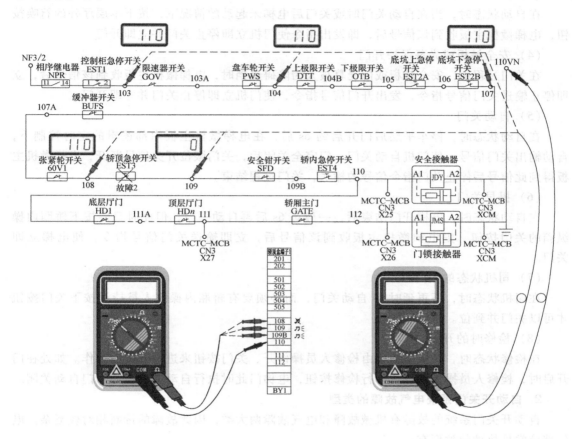

图 2-42 查找安全保护回路故障示意图二

子任务 2.2.3 开关门电路的维修

知识准备

电梯的自动开关门控制系统

1. 电梯开关门的工作方式

根据电梯的工作状态和当前运行情况,电梯的开关门有以下几种方式:

(1) 自动开门

当电梯进入低速平层区停站之后,电梯微机主板发出开门指令,门机接收到此信号时则自动开门,当门开足到位时,开门限位开关信号断开,电梯微机主板得到此信号后停止开门指令信号的输送,开门过程结束。

(2) 立即开门

如在关门过程中或关门后电梯尚未起动时，需要立即开门，此时可按轿厢内操纵箱的开门按钮，电梯微机主板接收到该信号时，立即停止输送关门信号指令，发出开门指令，使门机立即停止关门并立即开门。

（3）厅外本层开门

在自动状态时，当在自动关门时或关门后电梯未起动的情况下，按下本层厅外的召唤按钮，电梯微机主板收到该信号后，即发出指令使门机立即停止关门并立即开门。

（4）安全触板或光幕保护开门

在关门过程中，安全触板或门光幕被人为障碍遮挡时，电梯微机主板收到该信号后，立即停止输送关门信号指令，发出开门信号指令，使门机立即停止关门并立即开门。

（5）自动关门

在自动状态时，停车平层后门开启约6s后，在电梯微机主板内部逻辑的定时控制下，自动输出关门信号，使门机自动关门，门完全关闭后，关门限位开关信号断开，电梯微机主板得到此信号后停止关门指令信号的输送，关门过程结束。

（6）提早关门

在自动状态时，电梯开门结束后，一般等6s后再自动关门，但此时只要按下轿厢内操纵箱的关门按钮，则电梯微机主板收到该信号后，立即输送关门信号指令，使电梯立即关门。

（7）司机状态的关门

在司机状态时，不再延时6s自动关门，而必须要有轿厢内操纵人员持续按下关门按钮才可以关门并到位。

（8）检修时的开关门

在检修状态时，开关门只能由检修人员操作开、关门按钮来进行开关门操作。如处在门开启时，检修人员操作上行或下行检修按钮，电梯门此时执行自动关门程序，门自动关闭。

2. 自动开关门系统电气故障的类型

自动开关门系统的故障有机械故障和电气故障两大类，因此故障的诊断相对较复杂。电气部分常见故障的类型有：

1）自动开门故障。

2）立即开门故障。

3）厅外本层开门故障。

4）安全触板或光幕保护开门故障。

5）自动关门故障。

6）提早关门故障。

7）司机状态关门故障。

8）检修时的开关门故障。

3. 电梯的开关门系统

电梯的开关门系统由开关门控制系统、开关门电动机和开关门按钮、开关门位置检测开关和保护光幕等组成，如图2-43所示。该开关门采用变频门机作为驱动自动门机构的原动力，由门机专用变频控制器VVVF控制门机的正、反转，减速和力矩保持等功能，其控制电路原理图如图2-44所示。门机变频控制器与电梯主控制系统相连，根据内部计算机程序，适时给出开关门信号，实现门机逻辑控制。在开关门过程中，变频门机借助于专用位置编码器，实现逻辑自动平稳调速。由于涉及所承载的人与物的安全，电梯的轿厢门和层门是不能随意开关的，因此，电梯内呼系统的开关门按钮只是起向微机主控制器发出申请信号的作用。微机主控制器根据电梯的工作状态和当前运行情况最终决定是否开门或关门，并发出指令给开关门控制器。

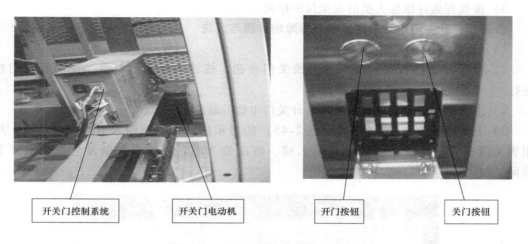

图 2-43　开关门系统组成示意图

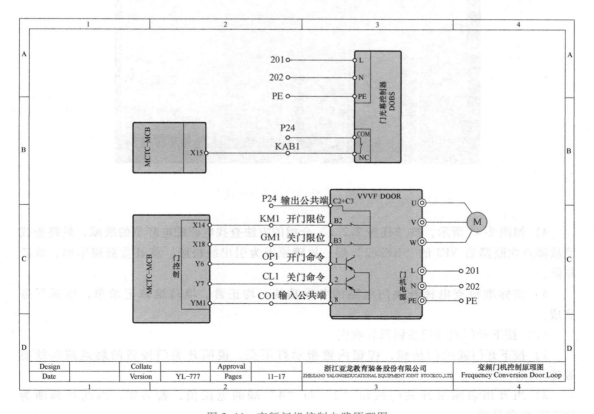

图 2-44　变频门机控制电路原理图

任务实施

步骤一：电梯开关门电路故障诊断与排除的前期工作

1）检查是否做好了电梯发生故障的警示及相关安全措施。

2）向相关人员（如管理人员、乘用人员或司机）了解故障情况。

3）按规程做好维保人员的安全保护措施。

步骤二：开关门电路故障诊断与排除的步骤与方法

（1）电梯不能开关门

1）检查开关门按钮：按下开门或关门按钮，按钮内置指示灯亮，说明开关门按钮完好。

2）上机房查看故障码显示：没有开关门电路的故障码显示。

3）观察变频门机控制器（见图2-45）的指示信号：发现输入电源没有指示。用万用表测量变频门机控制器的电源输入端，电压值为零。可初步判断是电源配电环节的故障。

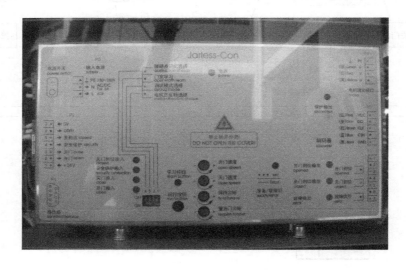

图 2-45　变频门机控制器面板图

4）如图2-45所示，按"任务2.2.1"介绍的方法查找电源配电环节的故障，最终查找到故障点在断路器NF2的"NF2/2"端。故障原因为引出线松脱，将其重新接牢固，故障排除。

5）按标准检查电梯开关门电路的各项功能，均正常。填写维修记录单，维保任务完成。

（2）按下开门或关门按钮没有响应

1）按下开门或关门按钮，按钮内置指示灯不亮。说明开关门按钮的触点或接线有故障。

2）用万用表测量开关门按钮"2"与"4"端的电压值，若为零，由此可判断为DC24V电源异常。

3）经检查故障原因是+24V端与按钮的"4"端没有接通，将接线接牢固，故障排除。

4）按标准检查电梯开关门电路的各项功能，如均正常，则维保任务完成。

相关链接

YL-770型电梯电气安装与调试实训考核装置简介

一、产品概述

YL-770型电梯电气安装与调试实训考核装置是YL-777型电梯安装、维修与保养实训考核装置的配套设备之一，如图2-46所示。该装置是根据电梯电气系统的安装、调试、维修和保养教学要求而开发的电梯实训教学模块。适合于各类职业院校和技工院校建筑设备安装与调试专业、楼宇自动化设备安装与调试专业、机电设备安装与调试专业、电气运行与控制专业的电梯安装与维修专门化方向，以及职业资格鉴定中心和培训考核机构教学使用。

本装置采用了"L"形支架结构，以便于在多台并排布置时形成实训室工位式布局。采用了真实的电梯总电源箱和微机控制柜成套机房设备、模拟器件嵌入电梯井道结构图形的形式，使调试运行过程更加简单直观；并采用了高绝缘的安全型插座与带绝缘护套的高强度安全型插线，可区分强、弱电流的不同规格的插座与插线，以确保操作人员的安全。学生借助电梯电气图进行安全型插线连接，通过模拟运行检验连接的正确性与排除故障，能够在本装置上初步掌握电梯电气原理与规范标准和连接、调试、运行及维修的技能。

图2-46　YL-770型电梯电气安装与调试实训考核装置外观图

二、主要技术指标

1）电源输入：三相五线，AC380V，50Hz。

2）安全保护：接地，漏电（动作电流≤30mA），过电压，过载，短路。

3）整机功耗：≤0.3kW。

4）整机重量：≤150kg。

5）外形尺寸：1570mm×1140mm×2000mm（长×宽×高）。

三、可开设的实训项目

本装置可开设的教学实训项目主要有5项，见表2-9。

表 2-9　YL-770 型电梯电气安装与调试实训考核装置可开设的教学实训项目

序号	系统	实训项目
1	电梯的电力拖动和电气控制系统	电梯电气主控回路的连接与调试
2		电梯电气照明回路的连接与调试
3		电梯电气安全回路的连接与调试
4		电梯曳引机组的连接与调试
5		电梯一体化控制器故障码的查询与检修

评价反馈

（一）自我评价（40分）

首先由学生根据学习任务完成情况进行自我评价，评分值记录于表 2-10 中。

表 2-10　自我评价表

学习任务	学习内容	配分	评 分 标 准	扣分	得分
学习任务 2.2	1. 安全意识	20分	1. 不按要求穿着工作服、戴安全帽、穿防滑电工鞋（扣2~5分） 2. 在轿顶操作不系好安全带（扣2分） 3. 不按要求进行带电或断电作业（扣2~5分） 4. 不按安全要求规范使用工具（扣2~5分） 5. 其他的违反安全操作规范的行为（扣2~5分）		
	2. 故障诊断与排除	70分	1. 故障检测操作不规范（扣10~20分） 2. 故障部分判断不正确（扣10~20分） 3. 故障未排除（扣20~40分）		
	3. 职业规范和环境保护	10分	1. 在工作过程中工具和器材摆放凌乱（扣1~3分） 2. 不爱护设备、工具，不节省材料（扣1~3分） 3. 在工作完成后不清理现场，在工作中产生的废弃物不按规定处置（各扣1~2分，若将废弃物遗弃在井道内的可扣4分）		

总评分＝（1~3 项总分）×40%

签名：_____　　_____年____月____日

（二）小组评价（30分）

再由同一实训小组的同学结合自评的情况进行互评，将评分值记录于表 2-11 中。

表 2-11　小组评价表

评 价 内 容	配分	评分
1. 实训记录与自我评价情况	30分	
2. 相互帮助与协作能力	30分	
3. 安全、质量意识与责任心	40分	

总评分＝（1~3 项总分）×30%

参加评价人员签名：_____　　_____年____月____日

（三）教师评价（30 分）

最后，由指导教师结合自评与互评的结果进行综合评价，并将评价意见与评分值记录于表 2-12 中。

表 2-12 教师评价表

教师总体评价意见：

教师评分（30 分）	
总评分 = 自我评分 + 小组评分 + 教师评分	

教师签名：_____ _____年____月____日

学习任务 2.3　电梯机械系统的维修

任务目标

核心知识：

了解电梯机械系统的构成与基本原理，熟悉机械故障的类型。

核心技能：

学会电梯常见机械故障的诊断与排除方法。

任务分析

通过完成对平层装置、开关门机构和机械安全保护装置的故障诊断与排除等工作任务，学会电梯常见机械故障的诊断与排除方法。

知识准备

电梯机械系统的故障

1. 电梯机械系统产生故障的原因

电梯的机械系统主要包括：曳引系统、轿厢和称重、门系统、导向系统、对重及补偿装置、安全保护装置等六个部分。相对电梯的电气系统而言，电梯机械系统的故障较少，但是一旦发生故障，可能会造成较长的停机待修时间，甚至会造成更为严重的设备和人身事故。电梯机械系统常见故障的原因主要有以下几个方面：

（1）连接件松脱引起的故障

电梯在长期不间断运行的过程中，由于振动等原因而造成紧固件松动或松脱，使机械发生位移、脱落或失去原有精度，从而造成磨损，碰坏电梯机件而造成故障。

（2）自然磨损引起的故障

机械部件在运转过程中，必然会产生磨损，磨损到一定程度必须更换新的部件，所以电梯运行一定时期后需要进行大检修，提前更换一些易损件，不能等出了故障再更新，那样就会造成事故或不必要的经济损失。平时在日常维修中只有及时地调整、保养，电梯才能正常运行。如果不能及时发现滑动、滚轮运转部件的磨损情况并加以调整，就会加速机械部件的磨损，从而造成机件磨损报废，造成事故或故障。如钢丝绳磨损到一定程度必须及时更换，否则会造成轿厢坠落的重大事故，各种运转轴承等都是易磨损件，必须定期更换。

（3）润滑系统引起的故障

润滑的作用是减少摩擦力、减少磨损，延长机械寿命，同时还起到冷却、防锈、减振、缓冲等作用。若润滑油太少、质量差、品种不对号或润滑不当，会造成机械部分的过热、烧伤、抱轴或损坏。

（4）机械疲劳引起的故障

某些机械部件经常不断地长时间受到弯曲、剪切等应力，会产生机械疲劳现象，机械强度塑性减小。某些零部件受力超过强度极限，产生断裂，造成机械事故或故障。如钢丝绳长时间受到拉应力，又受到弯曲应力，又有磨损产生，更严重的是受力不均，某股绳可能因受力过大首先断绳，增加了其余股绳的受力，造成连锁反应，最后全部断裂，发生重大事故。

从上述分析可知，只要日常做好维护保养工作，定期润滑有关部件及检查有关紧固件情况，调整机件的工作间隙，就可以大大减少机械系统的故障。

2. 电梯机械故障的检查方法

电梯机械发生故障时，在设备的运行过程中会产生一些迹象，维修人员可通过这些迹象发现设备的故障点。机械故障迹象的主要表现有：

（1）振动异常

振动是机械运动的属性之一，但发现不正常地振动往往是测定设备故障的有效手段。

（2）声响异常

机械在运转过程中，在正常状态下发出的声响应是均匀与轻微的。当设备在正常工况条件下发出杂乱而沉重的声响时，提示设备出现异常。

（3）过热现象

工作中，常常发生电动机、制动器、轴承等部位超出正常工作状态的温度变化。如不及时发现并诊断与排除，将引起机件烧毁等事故。

（4）磨损残余物的激增

通过观察轴承等零件的磨损残余物，并定量测定油样等样本中磨损微粒的多少，即可确定机件磨损的程度。

（5）裂纹的扩展

通过机械零件表面或内部缺陷（包括焊接、铸、锻造等）的变化趋势，特别是裂纹缺陷的变化趋势，判断机械故障的程度，并对机件强度进行评估。

因此，电梯维修人员应首先向电梯使用者了解发生故障的情况和现象，到现场观察电梯设备的状况。如果电梯还可以运行，可进入轿顶（内）用检修速度控制电梯上、下运行数次，通过观察、听声、鼻闻、手摸等手段，实地分析，判断故障发生的准确部位。

故障部位一旦确定，则可和修理其他机械一样，按有关技术文件的要求，仔细地将出现故障部件进行拆卸、清洗、检测。能修复的，应修复使用；不能修复的，则更新部件。无论是修复还是更新检修后投入使用前，都必须认真调试并经试运行后，方可交付使用。

子任务 2.3.1　平层装置的维修

 知识准备

电梯的平层及平层装置

1. 电梯的平层原理

在电梯主机的轴端都安装有一个旋转编码器，在电梯运行时会产生数字脉冲，同时控制系统里有一个位置脉冲累加器，当电梯上行时，位置脉冲累加器接收编码器发出的脉冲数值增加；当电梯下行时，位置脉冲累加器接收编码器发出的脉冲数值减少。

安装好的电梯必须在正式运行前的调试过程中，进行一次电梯层楼基准数据的采集（自学习）工作。即通过一个特定的指令，让电梯进入自学习运行状态，或人工操作或自动从最底层向上运行到顶层。由于轿厢外侧装有平层传感器，而在井道中对应每层楼的平层位置都装有一块平层遮光板（见图 2-47 和图 2-50），所以在电梯自下向上运行过程中，轿厢到达第一层楼的平层位置时，平层开关都动作。在自学习状态时，控制系统就记下到达每一层平层开关动作时位置的脉冲累加器的数值，作为每一层层楼的基准位置数据。

在正常运行过程中，控制系统比较位置累加器和层楼基准位置的数值，就可得到电梯的层楼信号，并准确平层。

2. 电梯的平层装置

电梯的平层装置包括感应器和遮光板（或是隔磁板），如图 2-47 所示，在轿厢顶部装有 2 个或 3 个感应器（2 个的为上、下平层感应器，如有 3 个，则中间的是开门区域感应器），遮光板则装在井道导轨支架上。

（1）永磁感应器

永磁感应器（干簧管感应器）由 U 形永久磁钢、干簧管、盒体组成，如图 2-48b 所示。其原理是：由 U 形磁钢产生磁场对干簧管感应器产生作用，使干簧管内的触点动作，其动合触点闭合、动断触点断开

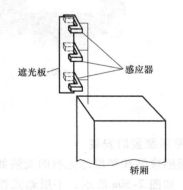

图 2-47　平层装置安装位置示意图

（干簧管结构如图 2-48a 所示）；当隔磁板插入 U 形磁钢与干簧管中间空隙时，由于干簧管失磁，其触点复位（即动合触点断开、动断触点闭合）。当隔磁板离开感应器后，干簧管内的触点又恢复动作。

（2）光电感应器

现在的电梯多使用光电感应器取代永磁感应器。光电感应器的作用与永磁感应器相同，

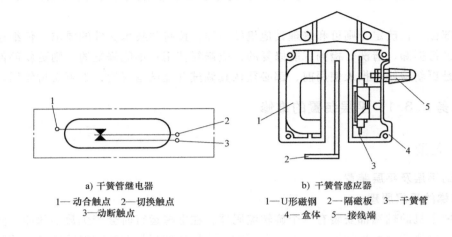

a) 干簧管继电器
1—动合触点　2—切换触点
3—动断触点

b) 干簧管感应器
1—U形磁钢　2—隔磁板　3—干簧管
4—盒体　5—接线端

图 2-48　永磁感应器

当遮光板插入 U 形槽中时，因光线被遮住而使触点动作。图 2-49a、b 所示分别为永磁感应器和光电感应器的外形。由图可见，与永磁感应器相似，光电感应器的发射器和接收器分别位于 U 形槽的两边，当遮光板经过 U 形槽阻断光线时，光电开关就产生了检测到的开关量信号。光电感应器较永磁感应器工作可靠，更适合用于高速电梯。

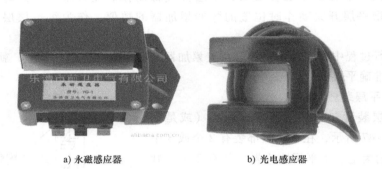

a) 永磁感应器　　　　　　　　　　b) 光电感应器

图 2-49　感应器的外形

3. 平层装置的安装

平层感应器和平层遮光板的安装如图 2-50 所示，平层感应器一般安装在轿厢顶部的直梁上面，如图 2-50a 所示；平层遮光板则安装在轿厢导轨上，且每层楼均安装一块遮光板，如图 2-50b 所示。

4. 电梯的平层标准与平层装置的安装要求

（1）平层标准

根据相关规定，电梯平层的准确度应符合以下要求：

1）额定速度≤0.63m/s 的交流双速电梯，应在±15mm 的范围内。

2）额定速度>0.63m/s 且≤1.0m/s 的交流双速电梯，应在±30mm 的范围内。

a)

b)

图 2-50　平层装置的安装

3）其他调速方式的电梯，应在±15mm 的范围内。

（2）平层装置的安装要求

平层装置的安装要求是：当电梯平层时，调节遮光板与平层感应器的基准线在同一条直线上，也就是遮光板正好插在感应器的中间，以使轿厢地板与该层的地面相平齐。当遮光板与平层感应器之间间隙不均匀时，应进行调整，如图 2-51 所示。

a）正视图　　　　　　　　　　　　b）俯视图

图 2-51　电梯平层时传感器的位置

任务实施

步骤一：电梯平层装置维修的前期工作

1）在轿厢内或入口的明显处设置"检修停用"标识牌。

2）让无关人员离开轿厢和检修工作场地，需用合适的护栏挡住入口处以防无关人员进入。

3）检查电梯发生故障的警示及相关安全措施的完善状况。

4）向相关人员（如管理人员、乘用人员或司机）了解电梯的故障情况。

5）按规范做好维保人员的安全保护措施。

步骤二：排除故障一

1. 故障现象

轿厢停靠某一楼层站（如一楼）时，轿厢地坎明显高于层门地坎，如图 2-52 所示。在其他楼层站的停靠则无这种现象。

图 2-52　故障一现象

2. 故障分析

轿厢停靠其他楼层时均能够准确停靠，说明平层感应器及平层电路均正常，可判定故障出在该楼层遮光板的定位上。

3. 故障排除过程

1）设置维修警示栏及做好相关安全措施。

2）测量出轿厢地坎与层门地坎的高度差并做记录，如图 2-53 所示。

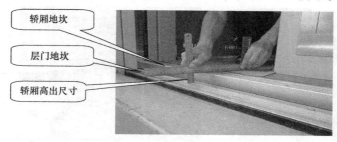

图 2-53　测量高度差

3）按规范程序进入轿顶，调节该楼层的平层遮光板。因为是轿厢高，所以应把遮光板垂直往下调，下调尺寸就是刚才测量出的数据，调整时先在遮光板支架的原始位置做个记号，然后用工具把支架固定螺栓拧松 2~3 圈，用胶锤往下敲击遮光板支架达到应要下调的尺寸。注意要垂直下调，而且调整完后要复核支架的水平度以及遮光板与感应器配合的尺寸是否均匀，如图 2-54 所示。

图 2-54　遮光板垂直下调

4）调节完毕后退出轿顶，恢复电梯的正常运行，验证电梯是否平层，如果还是不平层，再微调遮光板直至完全平层，最后紧固支架固定螺栓。

步骤三：排除故障二

1. 故障现象

轿厢在全部楼层站停靠时轿厢地坎都低于层门地坎。

2. 故障分析

轿厢停靠每层层站时都能停靠但都无法准确平层，说明平层感应器及平层电路均正常，可判定故障出在轿厢上的平层感应器的位置调校上。

3. 故障排除过程

1）设置维修警示栏及做好相关安全措施。

2）测量出轿厢地坎与层门地坎的高度差并做记录。

3）按规范程序进入轿顶，调节轿顶上的平层感应器，因为是轿厢低，所以应把传感器垂直往下调，具体下调尺寸就是测量出的数据，调整时先在传感器的原始位置做个记号，然后用工具把传感器固定螺栓拧松，用手移动传感器达到应要下调的尺寸，注意要垂直下调，而且调整完后要复核遮光板与感应器配合的尺寸是否均匀，如图 2-55 所示。

图 2-55　感应器下调

4）调节完毕后退出轿顶，恢复电梯的正常运行，验证电梯是否平层，如果还是不平层，再微调感应器，直至完全平层。

子任务 2.3.2　开关门机构的维修

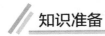知识准备

电梯的开关门机构

1. 开关门机构组件

开关门机构是指驱动电梯轿门和层门同时开或关的组合机件，又称门系统。主要包括开门机组件、轿（厢）门、层门组件及层门。其中开门机组件如图 2-56 所示，开门机组件安装在轿顶上，轿门吊挂在开门机组件的左右挂板上，整个轿门子系统随轿厢一起升降。层门组件如图 2-57 所示，层门组件安装在井道各层站的门口上方的内壁上，层门吊挂在层门组件的左右挂板上，由开门电动机带动开关动作。

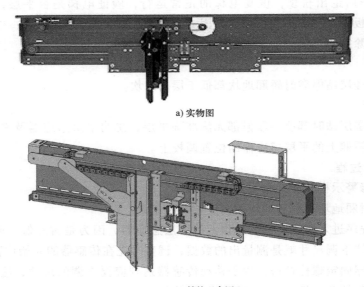

a) 实物图

b) 结构示意图

图 2-56　开门机组件

层门都设有自闭装置，由拉力弹簧或重锤组成。当层门非正常打开时能通过拉力弹簧的拉力或重锤的自重克服层门的关门摩擦力使层门自动锁闭。

在轿门和层门上还设有机械电气联锁检测装置。当电梯门打开时，通过电气控制的门联锁检测电路，向电梯控制系统发出信号，电梯不能起动运行。

2. 开关门机构的动作及维保要点

（1）开关门机构的动作过程

当轿厢到达某一层站时，安装在轿门上的门刀如图 2-58a 所示，将门刀插入该层门的门锁滚轮中，如图 2-58b 所示。当轿门由开门电动机带动产生开门动作时，门刀随轿门动作，首先拨动开锁臂轮，使锁钩脱开完成层门的开锁动作；当门刀继续向右运行，通过门刀推动

滚轮使层门向右联动，完成层门的开门动作。当轿门关闭时，联动动作过程相反。电梯起动离开层站后，门刀也随轿门离开层门门锁，此时层门门锁已锁紧，无法在层站外正常打开。

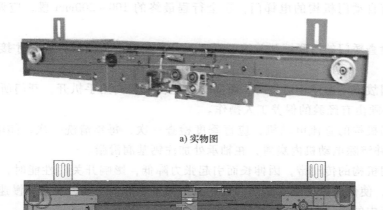

a) 实物图

b) 结构示意图

图 2-57　层门组件

由于门刀只能直接带动一扇层门，因此两扇层门之间还必须设置一个联动机构，使两扇门能同时产生动作。这就要求层门和轿门应平整，启闭轻便灵活，无跳动、摇摆和噪声，门挂轮中的滚珠轴承和其他摩擦部分都应定期润滑减小阻力。

a) 门刀

b) 门锁滚轮

图 2-58　门刀和门锁滚轮

（2）开关门机构维保要点

1）当层门或轿门滚轮磨损，使门扇下坠，其下端面与门框座间隙小于 4mm 时，应更换滚轮或调整其间隙为 6±2mm。

2）门导靴磨损 3mm，应给予更换，门运行时应无跳动、噪声。各连接螺栓应紧固。门导轨每周擦拭一次，涂抹少量机油，使门能轻便灵活地关启。

3）门扇在未装自动门机构连杆前，在门扇重心处，沿导轨水平方向牵引，其阻力小于 300N。

4）对没有自动门机构的电梯门，在全行程最终的 100~200mm 段，应调整慢速运行，以防撞击。

5）经常检查轿门的门联锁开关的可靠性，只有在完全关门时，开关才接通，电梯方可运行。

6）电梯因故障中途停止运行时，轿厢门应能在轿厢内用手扒开，开门所需的力不得超过 300N，但必须由有经验的保养工人操作。

7）自动门机构的直流电动机，应每季度检查一次，每年清洗一次，如电刷磨损严重，应予以更换，并清除电动机内炭屑，在轴承处加注钙基润滑脂。

8）自动门机构的传动带，因伸长而引起张力降低，影响开关门性能时，可调整直流电动机底座螺栓，使传送带适当张紧。同理调整中间带轮的偏心轴，可张紧慢速传动带。

9）对摆杆中的滚轮应定期加注钙基润滑脂，每年清洗一次。

10）安全触板的动作应灵活可靠，否则应调整安全触板下方的微动开关位置。

任务实施

步骤一：电梯开关门机构维修的前期工作

1）在轿厢内或入口的明显处设置"检修停用"标识牌。

2）让无关人员离开轿厢和检修工作场地，需用合适的护栏挡住入口处以防无关人员进入。

3）检查电梯发生故障的警示及相关安全措施的完善状况。

4）向相关人员（如管理人员、乘用人员或司机）了解电梯的故障情况。

5）按规范做好维保人员的安全保护措施。

步骤二：排除故障一

1. 故障现象

中分式层门关闭后，两门扇的门缝呈现"V"形。

2. 故障分析

中分式层门两门扇间的门缝呈现"V"形，主要是由门扇的垂直度偏差引起的，而导致门扇垂直度偏差的原因主要有以下两种：

1）吊挂门扇的门挂板组件中，门滑轮磨损不均，造成门扇不垂直，使门缝呈"V"形。

2）由于门扇开关门的振动，造成门扇的连接螺钉松动，导致门扇不垂直而产生"V"形。

3. 故障排除过程

1）在层站对两门扇的垂直度进行检测，确定垂直度偏差较大、需进行调整的门扇。

2）进入轿顶，拆下该门扇的门滑轮组件，用游标卡尺检查两个门滑轮的内圆直径尺寸是否一致，如偏差较大，更换门滑轮。

3）检查门扇的连接螺母是否松动。如果收紧连接螺母后门扇垂直度偏差仍然较大，可用门垫片进行调整。

调整完成后，应注意检查门扇之间及其与门套、门地坎之间的间隙等是否因调整门扇而有所改变，是否符合国家标准的要求。

步骤三：排除故障二

1. 故障现象

电梯门关闭后，选层、定向等各项显示正常，但电梯无法起动运行。

2. 故障分析

根据电梯的运行原理，电梯起动运行必须具备两个条件：一是具有选层、定向等信号；二是所有电梯门已关闭并锁紧，门联锁回路接通。

根据故障现象分析，电梯的选层、定向等各项显示正常，表明第一个条件已经具备，因此应重点检查第二个条件是否具备，即门联锁回路是否接通。

3. 故障排除过程

1）到机房打开控制柜，检查门联锁回路，发现门联锁回路未接通，表明电梯门虽已关闭，但未锁紧，门锁紧检测电气装置未接通，导致门联锁回路未接通。因此，下一步应重点检查电梯门的门锁装置是否正常。

2）维修人员进入轿顶，对门锁进行外观检查，检查门锁的完好情况，如门锁损坏应进行更换。

3）检查与调整门锁与锁座之间的间隙及锁钩与锁座的啮合深度。调整方法如下：

①用门锁的安装长圆孔左右调整门锁的位置，将门锁钩与门锁座的间隙调整为（3±1）mm，即门锁钩的竖向基准线与门锁座挂钩面对齐，如图2-59a所示。

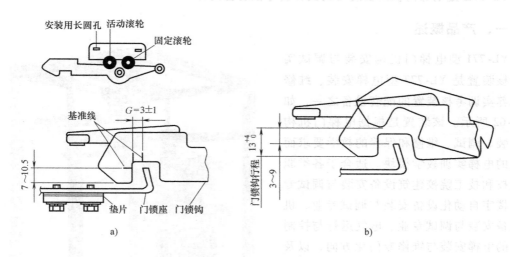

图2-59　门锁钩与门锁座配合

②调整门锁座下面垫片的厚度，使门锁钩与门锁座的啮合余量为7~10.5mm，即门锁钩的横向基准线与门锁座挂钩面上端对齐，如图2-59a所示。

③将门锁活动滚轮慢慢压向门打开方向，移动门之前应确认门锁触点已断开。

④将门锁活动滚轮慢慢压向门打开方向，确认门锁钩的行程为12~17mm，且门锁钩座挂钩面上端的间隙为3~9mm，如图2-59b所示。如果超标时，应再次确认第②项作业。

⑤ 在关门位置完全抓紧门锁滚轮后，再慢慢释放。门锁钩与门锁座的啮合余量为 7~10.5mm，如图 2-60 所示。

⑥ 检查门锁触点的超行程，应为（4±1）mm，如图 2-61 所示。确认在门关闭锁紧的情况下，在门的下端施加人力无法打开层门。在门锁调整结束后，应检查层门在任何位置都可以自动关闭，特别是在锁钩与锁盒接触的位置。

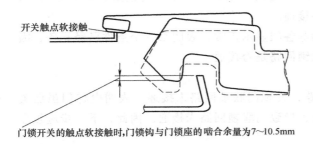

图 2-60　门锁钩与门锁座　　　　　　　　　图 2-61　门联锁电气开关

相关链接

YL-772 型电梯门机构安装与调试实训考核装置简介

一、产品概述

YL-771 型电梯门机构安装与调试实训考核装置是 YL-777 型电梯安装、维修与保养实训考核装置的配套设备之一，如图 2-62 所示。该装置是根据电梯门机构的安装、调试、维修和保养的教学要求而开发的电梯实训教学模块。适合于各类职业院校和技工院校建筑设备安装与调试专业、楼宇自动化设备安装与调试专业、机电设备安装与调试专业、电气运行与控制专业的电梯安装与维修专门化方向，以及职业资格鉴定中心和培训考核机构。

本装置采用真实的电梯门机构器件，包括层门、层门地坎、层门机构、轿厢架、轿厢门、轿厢门地坎、轿厢门机构等器件，以及与真实井道尺寸相当的钢结构井道，使轿厢门机构与层门地坎的安装与实际一致。同时，采用了手动葫芦拖动轿厢架和对重架在导轨上的运动，使演示与

图 2-62　YL-771 型电梯门机构安装与调试实训考核装置外观图

调试更加方便。学生借助电梯门机构安装图在模拟井道及楼层中对这些器件进行安装与测量，使其符合规范要求，并通过轿厢架的上下运动模拟轿厢在井道中的运行，当平层时，门机构能够带动轿厢门与层门开闭，轿厢离开后，层门紧闭。另外，能够使学生直观地看到门机构的全部器件及整个机械动作过程，更有效地帮助学生掌握其工作原理。

二、主要技术指标

1）电源输入：单相三线，AC220V，50Hz。
2）安全保护：接地，漏电（动作电流≤30mA），过电压，过载，短路。
3）整机功耗：≤0.5kW。
4）整机重量：≤600kg。
5）外形尺寸：2240mm×1640mm×3000mm（长×宽×高）。

三、可开设的实训项目

本装置可开设的教学实训项目主要有 12 项，见表 2-13。

表 2-13　YL-771 型电梯门机构安装与调试实训考核装置可开设的教学实训项目

序号	系统	实训项目
1	电梯的轿厢与门系统	电梯层门牛腿与地坎的安装与调试
2		电梯层门门框的安装与调试
3		电梯层门机构的安装与调试
4		电梯层门门扇的安装与调试
5		电梯护脚板的安装与调试
6		电梯轿厢门机构的安装与调试
7		电梯轿厢门地坎的安装与调试
8		电梯轿厢平层的测量与调试
9		电梯层门地坎与轿厢门地坎的测量与调试
10		电梯轿厢门刀的安装与调试
11		电梯层门与轿厢门机械联动的测量与调试
12		电梯门机构电气系统的设置与调试

子任务 2.3.3　机械安全保护装置的维修

 知识准备

电梯的行程终端限位保护装置

电梯行程终端限位保护装置的功能是防止因控制失灵轿厢到达顶层或底层后仍继续行驶（冲顶或蹲底），造成超限运行的事故。保护装置主要由强迫减速开关、终端限位开关、终端极限开关三个开关及相应的碰板、碰轮和联动机构组成，如图 2-63 所示。

由图 2-63 可见，电梯的行程限位保护由三重开关组成：

1）当轿厢超越顶层或基站的平层位置时仍不停下，则装在轿厢顶和轿厢底的上、下开关挡板（标号为6、7）首先碰到上、下强迫减速开关（标号为5、8），使电梯强迫换速。

2）如果电梯还不能停下，则挡板随之碰到上、下限位开关（标号为4、9），其动作造成电梯强迫停车（此时可以用检修开关点动电梯慢速反向运行退出行程极限位置）。

3）如果上述保护措施失效，电梯仍然继续运行，则作为终端保护的最后一道防线，挡板最终会碰到上、下极限杠杆的碰轮（标号为3、10），牵动与装在机房的极限开关相连的钢丝绳，使之在重锤的作用下，使极限开关动作，切断电梯的全部电源（照明电源除外）以强迫停车，防止了轿厢冲顶或撞底。

行程终端限位开关发生故障的概率较低，但在电梯运行常规维护中却不可忽略，任何时候都应该保证行程终端限位开关的灵活可靠。行程终端限位开关的故障往往不能作为单纯的机械或电气故障去处理，必须从机、电两方面去诊断排除。

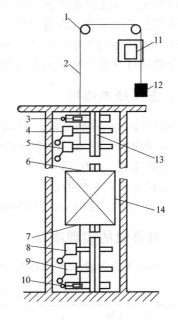

图 2-63　终端超越保护装置

1—导轨　2—钢丝绳　3—极限开关上碰轮　4—上限位开关　5—上强迫减速开关　6—上开关挡板　7—下开关挡板　8—下强迫减速开关　9—下限位开关　10—极限开关下碰轮　11—终端极限开关　12—张紧配重　13—导轨　14—轿厢

任务实施

步骤一：电梯行程终端限位装置维修的前期工作

1）在轿厢内或入口的明显处设置"检修停用"标识牌。

2）让无关人员离开轿厢和检修工作场地，需用合适的护栅挡住入口处以防无关人员进入。

3）检查电梯发生故障的警示及相关安全措施的完善状况。

4）向相关人员（如管理人员、乘用人员或司机）了解电梯的故障情况。

5）按规范做好维保人员的安全保护措施。

步骤二：排除故障一

1. 故障现象

轿厢未有明显下蹲或上冲，轿厢地坎与层门地坎的平层误差亦在规定值内，但行程终端限位开关意外动作。

2. 故障分析

1）行程终端限位开关移位。

2）行程终端限位开关损坏（触点粘连）。

3. 故障排除过程

1）行程终端限位保护开关的实际安装位置如图1-20所示，应检查并调整行程终端限位开关的位置。

2）更换损坏的行程终端限位开关。

3）故障排除后进行超程运行试验，检查行程终端限位保护装置会不会误动作。

步骤三：排除故障二

1. 故障现象

轿厢超越行程终端极限位置，但行程终端限位开关不动作。

2. 故障分析

1）行程终端限位开关或挡板移位。

2）行程终端限位开关损坏。

3）极限开关重锤装置失效。

3. 故障排除过程

1）检查并重新调整行程终端限位开关或挡板的位置。

2）更换损坏的行程终端限位开关。

3）调整极限开关重锤装置。

4）故障排除后进行超程运行试验，检查行程终端限位保护装置会不会误动作。

相关链接

YL-772 型电梯井道设施安装与调试实训考核装置简介

一、产品概述

YL-771 型电梯井道设施安装与调试实训考核装置是 YL-777 型电梯安装、维修与保养实训考核装置的配套设备之一，如图 2-64 所示。该装置是根据电梯井道设施的安装、调试、维修和保养的教学要求而开发的电梯实训教学模块。适合于各类职业院校和技工院校建筑设备安装与调试专业、楼宇自动化设备安装与调试专业、机电设备安装与调试专业、电气运行与控制专业的电梯安装与维修专门化方向，以及职业资格鉴定中心和培训考核机构。

本装置采用了真实的电梯井道系统器件，包括层门地坎、轿厢导轨、轿厢架、轿厢、轿厢门地坎、轿厢缓冲器、对重导轨、对重架、护栏、对重块、对重缓冲器等器件，以及与真实井道尺寸相当的钢结构井道，使井道系统器件的安装与实际一致。同时，采用了手动葫芦拖动轿厢架和对重架在导轨上的运动，使演示与调试更加方便。学生可借助电梯井道系统设计图在模拟井道顶部放样线并对井道设备按顺

图 2-64　YL-771 型电梯井道设施安装与调试实训考核装置外观图

序进行安装与测量，使其符合规范要求，并通过轿厢架和对重架的上下运动模拟其在井道导

轨上的运行，并辅助检验导轨实际安装质量。

二、主要技术指标

1）井道尺寸：2000mm×2000mm×3000mm（长×宽×高）。

2）安全保护：缓冲器。

3）整机重量：≤1000kg。

4）外形尺寸：2240mm×2240mm×3000mm（长×宽×高）。

三、可开设的实训项目

本装置可开设的教学实训项目主要有12项，见表2-14。

表2-14　YL-772型电梯井道设施安装与调试实训考核装置可开设的教学实训项目

序号	系　　统	实　训　项　目
1	电梯的门系统	电梯层门地坎的安装与测量
2		电梯层门地坎与轿厢门地坎的测量
3	电梯的导向系统	电梯井道的放样与测量
4		电梯导轨支架与导轨的安装与测量
5	电梯的重量平衡系统	电梯对重块的安装
6		电梯对重架与导靴的安装
7		电梯对重护栏的安装与测量
8		电梯对重在导轨上的滑动测试
9	电梯的轿厢系统	电梯轿厢架与导靴的安装
10		电梯轿厢的安装
11		电梯轿厢地坎的安装与测量
12		电梯轿厢在导轨上的滑动测试

评价反馈

（一）自我评价（40分）

首先由学生根据学习任务完成情况进行自我评价，评分值记录于表2-15中。

表2-15　自我评价表

学习任务	学习内容	配分	评　分　标　准	扣分	得分
学习任务2.3	1. 安全意识	20分	1. 不按要求穿着工作服、戴安全帽、穿防滑电工鞋（扣2~5分） 2. 在轿顶操作不系好安全带（扣2分） 3. 不按要求进行带电或断电作业（扣2~5分） 4. 不按安全要求规范使用工具（扣2~5分） 5. 其他的违反安全操作规范的行为（扣2~5分）		

（续）

学习任务	学习内容	配分	评 分 标 准	扣分	得分
学习 任务 2.3	2. 故障诊断与排除	70分	1. 故障检测操作不规范（扣10~20分） 2. 故障部分判断不正确（扣10~20分） 3. 故障未排除（扣20~40分）		
	3. 职业规范和 环境保护	10分	1. 在工作过程中工具和器材摆放凌乱（扣1~3分） 2. 不爱护设备、工具，不节省材料（扣1~3分） 3. 在工作完成后不清理现场，在工作中产生的废弃物不按 规定处置（各扣1~2分，若将废弃物遗弃在井道内的可扣 4分）		
			总评分=（1~3项总分）×40%		

签名：_____　_____年____月____日

（二）小组评价（30分）

再由同一实训小组的同学结合自评的情况进行互评，将评分值记录于表2-16中。

表2-16　小组评价表

评价内容	配分	评分
1. 实训记录与自我评价情况	30分	
2. 相互帮助与协作能力	30分	
3. 安全、质量意识与责任心	40分	
	总评分=（1~3项总分）×30%	

参加评价人员签名：_____　_____年____月____日

（三）教师评价（30分）

最后，由指导教师结合自评与互评的结果进行综合评价，并将评价意见与评分值记录于表2-17中。

表2-17　教师评价表

教师总体评价意见：	
教师评分（30分）	
总评分=自我评分+小组评分+教师评分	

教师签名：_____　_____年____月____日

项目总结

1）电梯作为特种设备，其维保工作是一项专业化程度很高的工作，对于从业人员的专业性和规范性要求非常严格，操作时的安全规范甚至会直接关系到作业人员的生命安全，因此在作业时一定要遵守相应的安全守则和相关的检查和维护安全操作规程。本学习任务在认识电梯基本结构的基础上，主要讲述了如何做好充分的安全保障工作（包括警戒线、警示牌、安全帽、安全带、电工绝缘鞋），以确保自己和他人的生命安全；如何规范地进行盘车操作；带电操作时要注意的事项，断电后如何处理；进出轿顶和进出底坑又应如何规范操作；等等。在完成学习任务 2.1 的 4 个子任务后，应达到以下要求：

① 掌握在机房的基本操作。

② 掌握盘车的规范操作。

③ 掌握进出轿顶的规范操作。

④ 掌握进出底坑的规范操作。

⑤ 养成安全操作的规范行为。

2）通过完成学习任务 2.2 的机房电气控制柜、安全保护电路和开关门电路等 3 个子任务，使学习者对电梯电气控制系统的构成、各控制环节的工作原理有较明晰的概念，学会电梯常见电气故障的诊断与排除方法。

电气控制系统的故障相对比较复杂，而且现在的电梯都是微机控制的，软、硬件的问题往往相互交织。因此，排障时要坚持先易后难、先外后内、综合考虑、善于联想的工作思路。

电梯运行中比较多的故障是开关触点接触不良引起的故障，所以判断故障时应根据故障现象以及柜内指示灯显示的情况，先对外部电路、电源部分进行检查，例如门触点、安全回路、各控制环节的工作电源是否正常等。

电梯控制逻辑主要是程序化逻辑，故障和原因正如结果与条件一样，是严格对应的。因此，只要熟知各控制环节电路的构成和作用，根据故障现象，"顺藤摸瓜"便能较快找到故障电路和故障点，然后按照规范和标准对故障进行排除。

3）通过完成学习任务 2.3 的电梯平层装置、开关门机构和行程终端限位保护装置故障的诊断与排除等 3 个子任务，学习电梯机械故障的诊断与排除方法。排除电梯机械系统的故障关键是诊断，要对故障的部位与原因做出准确的正确判断，就应对电梯的机械结构很熟悉，并善于掌握故障发生的规律，掌握正确的排障方法：

① 诊断与排除电梯的平层故障，首先应区分故障现象是个别楼层不平层还是全部楼层都不平层，对应采取不同的解决方法：个别楼层不平层一般可调整该层的平层遮光板；而全部楼层都不平层则调整平层感应器。

② 门机构的故障是电梯机械系统较常见的故障。应熟悉层门、轿门装置的安装工艺要求及检验标准，如门扇（门套）的垂直度偏差应 ≤ 1/1000，门锁紧元件的最小啮合长度为 7mm。对其常见的故障应能根据故障现象准确判断故障部位，如层门关好后门缝呈现 "V" 形，即门扇的垂直度偏差超标，则应懂得检查门滑轮或门扇连接螺钉等处。

③ 行程终端限位保护开关是电梯超程行驶的最终保护装置，如果产生故障或动作失灵，后果是很严重的。在诊断和排除其故障时，应检查部件有无损坏、安装位置有无移动，以及限位开关重锤装置是否正常可靠。但检修完成后，应进行超程试验检验其是否动作可靠。

思 考 与 练 习 题

一、填空题

1. 短接法是用于检测_____是否正常的一种方法。当发现故障点后，应立即拆除短接线，不允许用短接线代替开关或开关触点的接通。

2. 当电梯安全保护电路出现故障时，最好的检查方法是采用_____查找故障点。

3. 电梯关门过程的速度变化是_____。

4. 电梯平层精度应符合以下要求：额定速度 ≤ 0.63m/s 的交流双速电梯，应在_____的范围内；额定速度>0.63m/s 且 ≤1.0m/s 的交流双速电梯，应在_____的范围内；其他调速方式的电梯，应在_____的范围内。

5. 电梯平层装置一般由_____和_____组成。

6. 层门锁钩、锁臂及触点动作应灵活，在电气安全装置动作之前，锁紧元件的最小啮合长度为_____mm。

7. 门刀与层门地坎、门锁滚轮与轿厢地坎间隙应为_____mm。

8. 三个行程终端限位保护开关（由电梯行程的里面到外面）分别是_____开关、_____开关和_____开关。

二、选择题

1. 电梯电气控制系统出现故障时，应首先确定故障出于哪一个（　　），然后再确定故障出于此环节电路上的哪一个电气元器件的触点上。

A. 元器件　　　　　B. 系统　　　　　C. 环节电路

2. 串联在安全回路上的各安全开关安装位置比较（　　）。

A. 集中　　　　　B. 可靠　　　　　C. 分散

3. 安装在轿门上的（　　）与安装在层门上的自动门锁啮合。

A. 门刀　　　　　B. 门锁　　　　　C. 门刀或系合装置

4. 层门未关，电梯却能运行的原因是（　　）继电器触点粘死。

A. 运行　　　　　B. 电压　　　　　C. 门联锁

5. 选好层定了向并已关闭层门、轿门，电梯仍不能运行，其原因可能是层门自动门锁触点未能（　　）。

A. 断开　　　　　B. 接通　　　　　C. 调好

6. 当电梯个别楼层不平层时，应该先调整（　　）；当电梯全部楼层都不平层时，应该先调整（　　）。

A. 平层插板　　　B. 平层感应器　　　C. 旋转编码器　　　　　D. 轿厢

7. 门滑块固定在门扇下底端，每个门扇一般至少装有（　　）。

A. 1 只　　　　　B. 2 只　　　　　C. 3 只　　　　　D. 4 只

8. 当（　　）开关动作时，电梯应强迫减速。

A. 强迫减速　　　B. 行程限位　　　C. 极限

9. 当（　　）开关动作时，电梯应强迫停车。

A. 强迫减速　　　B. 行程限位　　　C. 极限

10. 当（　　）开关动作时，电梯应切断电源。

A. 强迫减速　　　B. 行程限位　　　C. 极限

三、判断题

1. 程序检查法，就是维修人员模拟电梯的操作程序，观察各环节电路的信号输入和输出是否正常的一种检查方法。（　　）

2. 安全保护电路为并联电路。( )

3. 相序继电器安装在轿厢内。( )

4. 安全钳开关安装在机房控制柜内。( )

5. 开关门电动机安于轿厢顶上。( )

6. 电梯开门过程的速度变化为：慢—快—更快—平稳—停止。( )

7. 电梯轿厢在2楼不平层，轿厢地坎低于层门地坎，调整的方法是：把2楼的平层插板往下调。( )

8. 电梯不平层故障只需调整平层感应器或平层插板的位置，而不需要或不考虑调整其他部件就可解决故障问题。( )

9. 电梯试运行时，各层层门必须设置防护栏。( )

四、学习记录与分析

1. 根据图2-38，分析电源配电环节故障，小结诊断与排除机房电气控制柜电源故障的步骤、过程、要点和基本要求。

2. 根据图2-40和图2-42，分析安全保护电路故障，小结诊断与排除安全保护电路故障的步骤、过程、要点和基本要求。

3. 分析开关门电路故障，小结诊断与排除开关门电路故障的步骤、过程、要点和基本要求。

4. 小结诊断与排除电梯平层装置故障的过程、步骤、要点和基本要求。

5. 小结诊断与排除电梯层门、轿厢门机械故障的过程、步骤、要点和基本要求。

6. 小结诊断与排除电梯行程终端限位保护装置故障的过程、步骤、要点和基本要求。

五、试叙述对本项目与实训操作的认识、收获与体会

项目3

电梯的维护保养

项目目标

本项目着重学习电梯曳引系统、机械系统、安全保护和电气系统的维护保养，从而进一步掌握电梯维护保养的基本操作。

学习任务 3.1　电梯曳引系统的维护保养

任务目标

核心知识：
进一步了解电梯曳引系统的构成与基本原理。
核心技能：
学会电梯曳引系统主要部件的维护保养方法。

任务分析

通过完成电梯曳引系统减速箱和制动器的维护保养，学会电梯曳引系统主要部件的维护保养方法。

子任务 3.1.1　减速箱的维护保养

知识准备

减速箱的维护保养要求

电梯减速箱的作用主要是将曳引电动机输出的较高转速降低到曳引轮所需的较低转速，同时得到较大的曳引转矩，以满足电梯运行的要求。

1. 减速箱的检查

1）检查运行时是否平稳，有无撞击声和振动。用温度计测量减速箱内各机件和轴承的温度，在正常运行条件下，减速箱各机件及轴承温度不得超过 70℃，减速箱中的油温不得超过 85℃。当轴承发出不均匀的噪声、撞击声或温度过高时，应及时处理。

2）停机检查，打开箱盖，用手转动电动机，检查减速器蜗轮与蜗杆啮合是否正常，两者有无撞击，有无产生轮齿磨损。

3）检查减速箱内润滑油的质量是否符合规格；油量是否保持在油针或油镜的标定范围。如发现油已变质或有金属颗粒时，应及时换油。

4）检查轴承、箱盖、油盖窗及轴头处等结合部位有无漏油现象。一旦发现有漏油，应根据情况及时处理并补充规格相同的润滑油。

5）检查与减速箱相连的其他部件，在配合上有无松动或有无损坏现象。

2．减速箱的维保内容及方法

1）当发现减速箱内蜗轮与蜗杆啮合轮齿侧间隙超过 1mm，并在运转中产生猛烈撞击时或轮齿磨损量达到原齿厚的 15％时，应予以更换；且为保证啮合性，蜗轮与蜗杆要成对更换。

2）换油。

① 应更换相同规格的润滑油，绝不允许两种以上的油混合使用。

② 一般每年更换一次润滑油；对新安装的电梯，在半年内应检查减速箱内的润滑油，如发现油内有杂质，应更换新油。

③ 润滑油的加入要适量，过多会引起发热，并使油质快速变质，不能使用；油的合理高度是：当蜗杆在下面时，最高浸到蜗杆的中心，最低浸到蜗杆齿高；当蜗杆在上面时，最高浸到蜗轮直径 1/6，最低浸到蜗轮的齿高。

④ 换油时先把减速箱清洗干净，在加油口放置过滤网，经滤网过滤再注入，以保持油的清洁度。

⑤ 滚动轴承用轴承润滑脂（钙基润滑脂），必须填满轴承空腔的 2/3；一般要求每月挤加一次，每年清洗换新一次。

3）经常检查轴承、箱盖、油窗盖等结合部位有无漏油。

① 蜗杆轴承漏油是常见的问题，轴承部位漏油时应及时更换油封。

② 安装油封时应注意：密封卷的唇口应向内，压紧螺栓要交替地拧紧，使压盖均匀地压紧油封，安装羊毛毡卷前必须用机油浸透，既可减小毡卷与轴颈的摩擦，又可提高密封性能。

③ 当箱盖或油窗盖漏油时，可更换纸垫或在结合面涂一薄层透明漆漏油。不管用什么方法处理后，都必须拧紧螺栓。

4）蜗轮齿卷与轮筒的连接必须精心检查，螺母无位移，轮筒与主轴的配合连接无松动。用手锤检查轮筒有无裂纹。

5）由于电梯频繁换向、变速时会有较大的冲击，因此推力轴承（或滚珠轴承）易于磨损。在蜗轮副磨损后轴向间隙也增大，轴向窜动会超差。应按照表 3-1 的标准进行检查，根据需要更换中心距调整垫片、轴承盖调整垫片或更换轴承。

表 3-1　减速箱蜗杆轴向游隙表

梯种	客梯	货梯
蜗杆轴向游隙	<0.08mm	<0.12mm

减速箱具体的维保内容及方法见表 3-2。

表 3-2 减速箱维保内容及方法

序号	部位	维保内容	维保周期
1	油箱	第一次安装使用的电梯换油	每半年
2		适时更换，保证油质符合要求	每年
3	蜗轮轴滚动轴承	补充注油	每半月
4		清洗换油	每年
5	轴承、箱盖、油盖窗等结合部位	检查漏油	每季度
6	蜗轮与蜗杆	检查蜗轮与蜗杆啮合轮齿侧间隙和轮齿磨损量	每半月
7	蜗杆轴	检查蜗杆轴向游隙	每半月

任务实施

步骤一：减速箱维护保养的前期工作

1）检查是否做好了电梯维保的警示及相关安全措施。

2）向相关人员（如管理人员、乘用人员或司机）说明情况。

3）按规范做好维保人员的安全保护措施。

4）准备相应的维保工具。

步骤二：减速箱的维护保养步骤、方法及要求

1）维修人员整理清点维修工具与器材。

2）放好"有人维修，禁止操作"的警示牌。

3）将轿厢运行到基站。

4）到机房将选择开关打到检修状态，并挂上警示牌。

5）按表 3-2 所示项目进行维护保养工作。

6）完成维保工作后，将检修开关复位，并取走警示牌。

子任务 3.1.2 制动器的维护保养

知识准备

制动器的维护保养要求

电梯的制动器如图 3-1 所示，这是电梯的一个重要的安全装置，直接影响电梯乘坐的舒适感和平层准确度。

1. 制动器的检查

1）检查制动器动作是否灵活可靠，电磁衔铁在铜套内应转动灵活。应保持制动轮表面和闸瓦制动带表面清洁，无划痕、高温焦化颗粒和油污。

2）制动器在制动时两侧闸瓦紧密均匀地贴合在制动轮的工作表面上；松闸时两侧闸瓦应同步离开制动轮表面，且其间隙应不大于 0.7mm。

3）检查制动器电磁线圈接头有无松动，线圈的绝缘是否良好；用温度计测量电磁线圈的温升应不超过 60℃，最高温度不高于 105℃。

4）检查制动电磁铁铁心在吸合时有无撞击声，工作是否正常。

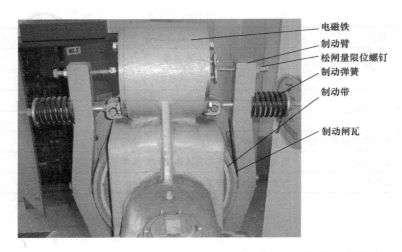

图 3-1　电梯的制动器

2. 制动器的维保内容及方法

1）每半月对制动器各活动销轴加一次润滑机油（加油时注意不要滴在制动轮上）。

2）每季度可在电磁铁心与制动器铜套间加一次石墨粉润滑剂。

3）如果制动器上的可动销轴磨损量超过原直径的 5%或椭圆度超过 0.5mm 时，应更换新轴。

4）制动器上的杠杆系统和弹簧如发现裂纹应及时更换。

5）固定制动闸瓦带的铆钉应埋入沉头座孔中，新换的制动闸瓦的固定铆钉头埋入制动衬座孔的深度不小于 3mm，任何时候闸瓦的铆钉头都不能与制动轮接触；当制动衬磨损达原厚度的 1/4 时应及时更换，而且必须使用电梯制动器的专用制动衬，而绝对不能用其他的制动衬（如汽车用制动衬）代替（可见"阅读材料 3.1"）。

6）新换装的制动闸瓦，与制动轮接触后（抱闸）其制动闸瓦的接触面应不少于 80%。

7）当制动衬的磨损导致与制动轮的间隙增大，影响制动性能和产生撞击时，应调整电磁衔铁与闸瓦臂连接的螺母。

8）当制动轮上有划痕和高温焦化颗粒时，可用小刀轻刮并打磨光滑；当制动轮上有油污时，可用煤油擦净。

制动器的维保内容及方法见表 3-3。

表 3-3　制动器维保内容及方法

序号	部位	维保内容	维保周期
1	制动器销轴	补充注油	每半月
2	制动器电磁铁心和铜套	检查清洗,更换润滑剂	每半年
3	制动衬与制动轮间隙	四角应大于 1.2mm,平均不大于 0.7mm	每半月
4	制动器电磁线圈	引入线连接螺钉应无松动,电压应正常	每半月

任务实施

步骤一：制动器维护保养的前期工作

1）检查是否做好了电梯维保的警示及相关安全措施。

2）向相关人员（如管理人员、乘用人员或司机）说明情况。

3）按规范做好维保人员的安全保护措施。

4）准备相应的维保工具。

步骤二：制动器的维护保养步骤、方法及要求

1）维修人员整理清点维修工具与器材。

2）放好"有人维修，禁止操作"的警示牌。

3）将轿厢运行到基站。

4）到机房将选择开关打到检修状态，并挂上警示牌。

5）按表3-3所示项目进行维护保养工作。

6）完成维保工作后，将检修开关复位，并取走警示牌。

评价反馈

（一）自我评价（40分）

首先由学生根据学习任务完成情况进行自我评价，评分值记录于表3-4中。

表3-4　自我评价表

学习任务	学习内容	配分	评分标准	扣分	得分
学习任务 3.1	1. 安全意识	20分	1. 不按要求穿着工作服、戴安全帽、穿防滑电工鞋（扣2~5分） 2. 在轿顶操作不系好安全带（扣2分） 3. 不按要求进行带电或断电作业（扣2~5分） 4. 在电梯底坑有人时移动轿厢或进入轿顶（扣2分） 5. 不按安全要求规范使用工具（扣2~5分） 6. 其他的违反安全操作规范的行为（扣2~5分）		
	2. 维护保养工作	70分	1. 维护保养前工具选择不正确（扣10分） 2. 维护保养操作不规范（扣5~30分） 3. 维护保养工作未完成（每项扣10分）		
	3. 职业规范和环境保护	10分	1. 在工作过程中工具和器材摆放凌乱（扣1~2分） 2. 不爱护设备、工具，不节省材料（扣1~2分） 3. 在工作完成后不清理现场，在工作中产生的废弃物不按规定处置（各扣2分，若将废弃物遗弃在井道内的可扣4分）		

总评分=（1~3项总分）×40%

签名：_____　　　　　年　　月　　日

（二）小组评价（30分）

再由同一实训小组的同学结合自评的情况进行互评，将评分值记录于表3-5中。

表3-5　小组评价表

评价内容	配分	评分
1. 实训记录与自我评价情况	30分	
2. 相互帮助与协作能力	30分	
3. 安全、质量意识与责任心	40分	

总评分=（1~3项总分）×30%

参加评价人员签名：_____　　　　　年　　月　　日

（三）教师评价（30 分）

最后，由指导教师结合自评与互评的结果进行综合评价，并将评价意见与评分值记录于表 3-6 中。

表 3-6　教师评价表

教师总体评价意见：	
教师评分（30 分）	
总评分 = 自我评分 + 小组评分 + 教师评分	
教师签名：_____	年　　月　　日

阅读材料

事故案例分析（三）

电梯制动器需更换的制动衬应该是电梯制动器的专用制动衬，而绝对不能用其他制动衬（如汽车用制动衬）代替。这是因为两者的材质不同，汽车用的制动衬较硬，制动效果不好。如 2011 年西安市有一家电梯专业维修公司，在给某台电梯更换制动器制动衬时就用汽车制动衬代替。当电梯的某层停靠开门时，当时电梯内乘员尚不足 10 人（该电梯的额定载重量为 1000kg），在乘客进出轿厢过程中轿厢突然向下溜车，造成一名试图用脚阻挡安全触板的女乘客被挤压在轿门上坎与层门地坎之间当场死亡的重大事故。

学习任务 3.2　电梯机械系统的维护保养

任务目标

核心知识：

进一步了解电梯机械系统的构成与基本原理。

核心技能：

学会电梯机械系统主要部件的维护保养方法。

任务分析

通过完成电梯门系统和导向系统的维护保养，初步学会电梯机械系统主要部件的维护保养方法。

子任务 3.2.1　门系统的维护保养

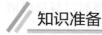 知识准备

门系统的维护保养要求

1. 门系统的检查

（1）轿厢门的检查

① 检查轿厢门门板有无变形、划伤、撞蹭、下坠及掉漆等现象；当吊门滚轮磨损使门下坠，其下端面与轿厢踏板的间隙小于 4mm 时，应更换滚轮或调整其间隙为 4~6mm。

② 经常检查并调整吊门滚轮上的偏心挡轮或压紧轮，与导轨下端面的间隙应不大于 0.5mm，以使门扇在运行时平稳，无跳动现象。

③ 检查门导轨有无松动，门导靴（滑块）在门坎槽内运行是否灵活，两者的间隙是否过大或过小；保持清洁并加油润滑；门导靴磨损严重的应予以更换。

④ 检查门滑轮及配合的销轴有无磨损，紧固螺母有无松动，并及时上油；每年对滑轮清洗上油一次。

⑤ 检查门上的连杆铰接部位有无磨损和润滑的情况，连杆是否灵活决定门的启闭情况，当电梯因故障中途停止时，轿厢门应能在里面用手扒开，其扒门力应为 20~30N。

⑥ 门扇未装联动机构前，在门扇的中心处，沿导轨的水平方向牵引门扇时其阻力应小于 15N，即用手移动门扇应当轻便灵活。

⑦ 检查轿门的门刀上的紧固螺栓有无松动变位，门刀与层门有关构件之间的间隙是否符合要求；门刀与各层层门地坎和各层机电联锁装置的滚轮与轿厢地坎间的间隙均应为 5~8mm。

⑧ 检查轿门关闭后的门缝隙应不大于 2mm。

（2）安全触板的检查

① 检查安全触板（或光电保护器）是否反应灵敏，动作可靠；安全触板的冲击力应小于 5N。

② 定期在各杠杆铰接部位用薄油润滑一次；当销轴磨有曲槽时必须更换。

③ 调整微动开关触点，在正常情况下，应使开关触点与触板端部螺栓头刚好接触，在弹簧的作用下，而处于准备动作状态，只要触板摆动，触点便立即动作。为此可旋进或旋出螺栓，使螺栓头部与开关触点保持接触。

（3）层门的检查

① 层门的导轨、吊门滚轮、门导靴、对门的牵引力、门扇下端距踏板间隙等，凡与轿厢门相同的部分均应按轿厢门的检查内容进行检查。

② 检查层门的门锁，应灵活可靠，在层门关闭上锁后，必须保证不能从外面开启。检查的方法是：两人在轿顶，一人操作检查开关慢上或慢下，每到达各层层门时停止运行，一人扒动门锁锁臂滚轮，使导电座与电开关触点脱离，另一人按下按钮，如电梯不能运行则为合格；如能运行则需及时修理或更换，绝对不能"带病"运行。

须特别注意的是：如果发现门锁损坏，千万不能将门锁开关触点短接来使电梯再运行，

否则会造成重大事故。电梯层门门锁的检查非常重要，具体可见"阅读材料 3.2"。

③ 检查层门上的联动机构，如滑轮有无磨损、卡死，传动钢丝绳有无松弛等。

④ 检查层门在开关门过程中是否平滑、平稳，无抖动、摆动和噪声；轿厢门与层门的系合装置的配合是否准确，无撞击声或其他异常声音。

（4）自动门机构的检查

① 检查自动门机构的传动带有无严重磨损，有无过松。如传动带过松可调整电动机机座的位置，如传动带损坏要更换相同规格的传动带；如果是链条传动要检查链条与链轮齿面的磨损。

② 检查门机构的联动机构各紧固件有无松动，开关门时的准确度及门隙缝是否符合规定。

③ 检查自动门机构的减速、限位行程开关，其位置与动作灵敏度是否符合要求，其接线有无松动或脱落。

④ 检查开关门电动机及其接线，清除电动机上的灰尘，定期用薄油润滑轴承；如果电刷磨损严重应予以更换。

⑤ 检查自动门机构的电路控制回路应安全可靠。电梯只能在门关闭锁上、电器触点闭合接通的情况下才能起动运行，无论何时当层门、轿厢门开启，电器触点断开时，电梯应不能起动，在行驶中应立刻停止运行。

2. 门系统的维保内容及方法

门系统维保内容及方法见表 3-7。

表 3-7　门系统维保内容及方法

序号	部位	维保内容	维保周期
1	吊门滚轮及门锁轴承	补充注油	每半月
2	门滚轮滑道	擦洗补油	每半月
3	开关门电动机轴承	补充注油	每半月
4	传动机构	检查应灵活可靠	每半月
5	打板与限位开关	检查应无松动、碰打压力应合适	每半月
6	开关门速度	应符合要求	每半月
7	门锁电器触点	检查应清洁,触点接触良好,接线可靠	每半月
8	门关闭的电气安全装置	检查应工作正常	每季度
9	门系统中的传动钢丝绳、链条、传动带	按制造单位的要求进行清洁、调整	每季度
10	层门门导靴	检查磨损量不超过制造单位的要求	每季度
11	层门、轿门的门扇	检查门扇各相关间隙应符合要求	每半年
12	层门装置和地坎	检查无影响正常使用的变形,各安装螺栓紧固	每年

任务实施

步骤一：门系统维护保养的前期工作

1）检查是否做好了电梯维保的警示及相关安全措施。

2）向相关人员（如管理人员、乘用人员或司机）说明情况。

3）按规范做好维保人员的安全保护措施。

4）准备相应的维保工具与器材。

步骤二：门系统的维护保养步骤、方法及要求

1）放好"有人维修，禁止操作"的警示牌。

2）将轿厢运行到基站。

3）到机房将选择开关打到检修状态，并挂上警示牌。

4）按表3-7所示项目进行维护保养工作。

5）完成维保工作后，将检修开关复位，并取走警示牌。

阅读材料

事故案例分析（四）

电梯的层门只能从里面由轿厢门的门刀拨动从而带动开启，而绝对不能在层门外开启（除非用门钥匙开启），否则会造成重大事故。2013年广州市某高校学生宿舍有一台停用待修的电梯，在各层层门外既没有明显的防护标志和措施，又没有对各层层门进行检查。某天晚上有一学生因倚靠在某层层门，层门突然打开，造成该生由层门跌落井道而死亡。由此案例可见层门门锁机构检修维保的重要性。

子任务3.2.2　导向系统的维护保养

知识准备

导向系统的维护保养要求

电梯的导向系统主要由导轨、导轨架和导靴组成，起到轿厢和对重垂直运动的导向作用。

1. 导轨及其支架的维护保养要求

（1）导轨平面度的测量

由于导轨是电梯轿厢上的导靴和安全钳的穿梭路轨，所以安装时必须保证其间隙符合要求。导轨的连接采用连接板，连接板与导轨底部加工面的粗糙度 $Ra \leqslant 12.5\mu m$，导轨的连接如图3-2所示。连接板与导轨底部加工面的平面度不应大于0.20mm，平面度测量如图3-3所示。

（2）导轨垂直度的测量

利用U形导轨卡板（见图3-4）、线锤（见图3-5）和直尺可以对导轨垂直度进行测量。导轨端面对底部加工面的垂直度在每100mm测量长度上不应大于0.40mm。

垂直度测量如图3-6所示。而导轨底部加工面对纵向中心平面的垂直度要求是：对于机械加工导轨在每100mm测量长度上不应大于0.14mm；对于冷轧加工导轨在每100mm测量长度上应不大于0.29mm。

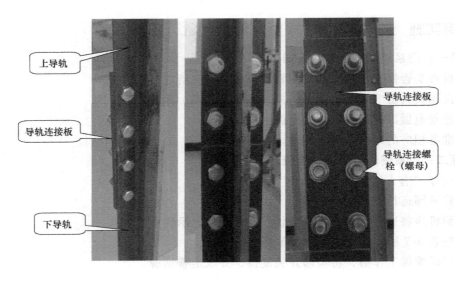

上导轨

导轨连接板

下导轨

导轨连接板

导轨连接螺栓（螺母）

图 3-2　导轨连接

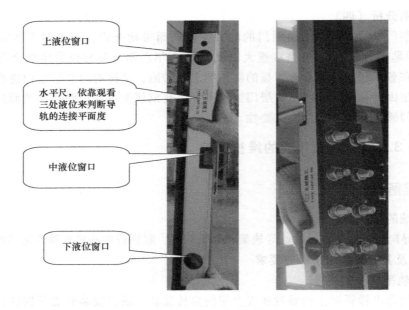

上液位窗口

水平尺，依靠观看三处液位来判断导轨的连接平面度

中液位窗口

下液位窗口

图 3-3　导轨连接平面度测量

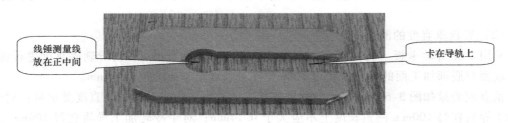

线锤测量线放在正中间

卡在导轨上

图 3-4　U 形导轨卡板

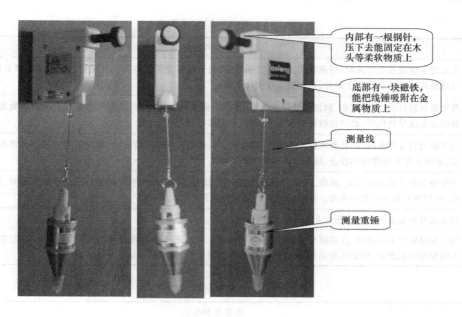

图 3-5 线锤

图 3-6 垂直度测量

（3）电梯导轨维修保养要点

电梯导轨维修保养要点见表3-8。

（4）导轨支架维修保养要点

导轨支架维修保养要点见表3-9。

表 3-8　导轨维修保养要点

序号	维修保养要点
1	当发现导轨接头处弯曲时,可进行校正。其方法是:拧松两头邻近导轨接头压板螺栓,拧紧弯曲接头处的螺栓,在已放松压板导轨底部垫上钢片,调直后再拧紧压板螺栓
2	若发现导轨位移、松动现象,则证明导轨连接板、导轨压板上的螺栓松动,应及时紧固。有时因导轨支架松动或开焊也会造成导轨位移,此时应根据具体情况,进行紧固或补焊
3	当弯曲的程度严重时,则必须在较大范围内,用上述方法调直。在校正弯曲时,绝对不允许采用火烤的方法校直导轨,这样不但不能将弯曲校正,反而会产生更大的扭曲
4	当发现导轨工作面有凹坑、麻斑、毛刺、划伤以及因安全钳动作,或紧急停止制动而造成导轨损伤时,应用锉刀、砂纸、油石等对其进行修磨光滑。修磨后的导轨面不能留下锉刀纹痕迹
5	若发现导轨接头处台阶高于 0.05mm 时,应进行磨平
6	当发现导轨面不清洁时,应用煤油擦净导轨面上的脏污,并清洗干净导靴靴衬;若润滑不良时,应定期向油杯内注入同规格的润滑油,保证油量油质,并适当调整油毡的伸出量,保证导轨面有足够的润滑油

表 3-9　导轨支架维修保养要点

序号	维修保养要点
1	定期检查导轨支架有无裂纹、变形、移位等,如发现及时处理
2	定期检查导轨支架焊接或紧固情况,若发现支架焊接不牢或已脱焊,应及时重新补焊;同时对紧固螺母进行检查,有问题时,应随手紧固好
3	定期检查导轨支架的不水平度是否超差,支架有无严重的锈蚀情况

2. 导靴和油杯的维护保养要求

(1) 导靴

导靴是电梯导轨与轿厢之间的可以滑动的尼龙块,它可以将轿厢固定在导轨上,让轿厢只可以上下移动,导靴上部有油杯,用于减少靴衬与导轨的摩擦力。导靴的外形和各部位功能如图 3-7 所示。

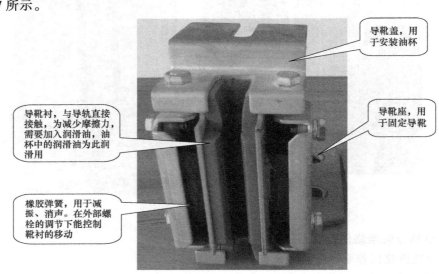

图 3-7　导靴外形及各部位功能

（2）油杯

油杯是安装在导靴上给导轨和导靴润滑的自动润滑装置，如图 3-8 所示。

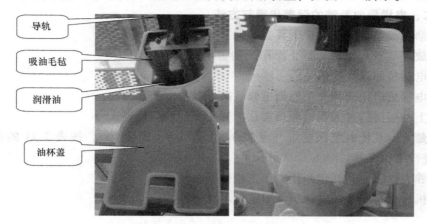

导轨

吸油毛毡

润滑油

油杯盖

图 3-8　油杯

（3）导靴和油杯维保的内容和方法

导靴和油杯维保的内容和方法见表 3-10。

表 3-10　导靴和油杯维保的内容及方法

维保周期	维护保养内容及方法
月度维护保养	1. 在轿顶检修运行电梯,并注意听导靴与导轨间是否有摩擦异响,如有,则要认真检查是否导靴与导轨间有凹凸不平、异物、碎片、导靴松动或润滑油不够等不良问题
	2. 检查电梯在运行过程中,轿厢晃动有没有过大。如是前后晃动,则是导靴与导靴面左右接触面距离过大,那么需要调整导靴橡胶弹簧的压紧螺栓。如是左右晃动,则是内靴衬与导轨端面接触面距离过大,需要调整导靴座上面的调整螺栓
	3. 操纵电梯全程运行一次,对导靴与导轨接触面进行清洁
	4. 检查导靴衬磨损程度,如超出正常范围,需要更换靴衬
	5. 检查导靴衬两边是不是磨损不均匀,如是则要更换靴衬,检查导靴安装是不是不对称
周维护保养	1. 清理油杯表面和导靴及导轨面上是否有污物、灰尘
	2. 检查油杯是否出现漏油现象
	3. 油杯中油如果少于总油量的1/3,则需要加注钙基润滑脂润滑油。加油后,操纵电梯全程运行一次,观察导轨的润滑情况
	4. 检查油杯中吸油毛毡(油毡)是否在导轨左右中分
	5. 检查油杯中的吸油毛毡是不是紧贴导轨面,油毡前侧和导轨顶面应无间隙
年度维护保养	清洗(更换)油杯及油毡

任务实施

步骤一：电梯导向系统维护保养的前期工作

1）检查是否做好了电梯维保的警示及相关安全措施。

2）向相关人员（如管理人员、乘用人员或司机）说明情况。

3）按规范做好维保人员的安全保护措施。

4）准备相应的维保工具。

步骤二：电梯导向系统的保养步骤与方法

1）维修人员整理清点维护工具、器件。

2）安放好"有人维修，禁止操作"的警示牌。

3）把电梯轿厢运行到基站。

4）上电梯机房把选择开关旋到维修状态，并挂上警示牌。

5）从上一层层门进入到轿厢顶部，把开关旋到检修位置。

6）清楚导向系统的维保要点（见表3-8、表3-9、表3-10），按表3-11的要求对电梯导向系统进行维护保养。

7）保养完以后，离开轿厢顶，并把检修开关复位。

8）到机房把检修开关复位，并取走警示牌离开。

表 3-11 电梯导靴及油杯维修保养内容及要求

序号	维保内容	维保要求
1	维保前工作	准备好工具
2	导轨	导轨接头无弯曲。导轨无位移、松动现象，导轨连接板、导轨压板上的螺栓紧固
3		导轨工作面无凹坑、麻斑、毛刺、划伤
4		导轨接头处台阶低于0.05mm
5		导轨面清洁，有足够的润滑油
6	导轨支架	导轨支架无裂纹、变形、移位等
7		导轨支架紧固
8		导轨支架水平度符合标准要求，支架无严重锈蚀情况
9	导靴	靴衬中无异物、碎片等
10		靴衬磨损正常
11		导轨两边工作面间隙过大
12		导靴磨损不均匀
13		对导靴进行清洁
14		导靴表面和连接处正常
15		导靴中润滑油适合
16		导靴连接牢固
17	油杯	吸油毛毡齐全
18		吸油毛毡紧贴导轨面
19		油量适度，油杯无泄漏
20		油毡在导轨左右中分
21		油毡前侧和导轨顶面无间隙
22		油杯损坏
23		清洁油杯
24		更换油杯和油毡

评价反馈

（一）自我评价（40分）

首先由学生根据学习任务完成情况进行自我评价，评分值记录于表3-12中。

表3-12　自我评价表

学习任务	学习内容	配分	评分标准	扣分	得分
学习任务 3.2.2	1. 安全意识	10分	1. 不按要求穿着工作服、戴安全帽、穿防滑电工鞋(扣1~2分) 2. 在轿顶操作不系好安全带(扣1分) 3. 不按要求进行带电或断电作业(扣1~2分) 4. 在电梯底坑有人时对轿厢进行移动式操作或进入轿顶(扣1分) 5. 不按安全要求规范使用工具(扣1~2分) 6. 其他的违反安全操作规范的行为(扣1~2分)		
	2. 导轨和导轨支架保养	20分	1. 没有清洁导轨(扣5分) 2. 没有润滑导轨(扣5分) 3. 没有检查导轨的接头和工作面(扣5分) 4. 没有检查导轨架的紧固情况(扣5分)		
	3. 导靴调整	20分	1. 导靴与导轨间距不准确(扣6分) 2. 不会调整靴衬与导轨的距离(扣8分) 3. 不会调整导靴导向板与导轨前端面的距离(扣6分)		
	4. 油杯维保	20分	1. 没有清洁导轨(扣5分) 2. 油毡没有紧贴导轨(扣5分) 3. 油杯前侧与导轨无缝隙(扣5分) 4. 油杯中润滑油类型加错或油量添加错误(扣5分)		
	5. 导靴保养	20分	1. 不能正确清洁导轨及导靴(扣5分) 2. 不会正确润滑导轨及导靴(扣5分) 3. 不会更换靴衬(扣5分)		
	6. 职业规范和环境保护	10分	1. 在工作过程中工具和器材摆放凌乱(扣1~2分) 2. 不爱护设备、工具,不节省材料(扣1~2分) 3. 在工作完成后不清理现场,在工作中产生的废弃物不按规定处置(各扣1~2分,若将废弃物遗弃在井道内的可扣4分)		

总评分＝（1~6项总分）×40%

签名：＿＿＿＿＿＿＿＿　＿＿＿＿年＿＿月＿＿日

（二）小组评价（30分）

再由同一实训小组的同学结合自评的情况进行互评，将评分值记录于表3-13中。

表3-13　小组评价表

评价内容	配分	评分
1. 实训记录与自我评价情况	30分	
2. 相互帮助与协作能力	30分	
3. 安全、质量意识与责任心	40分	

总评分＝（1~3项总分）×30%

参加评价人员签名：＿＿＿＿＿＿＿＿　＿＿＿＿年＿＿月＿＿日

（三）教师评价（30分）

最后，由指导教师结合自评与互评的结果进行综合评价，并将评价意见与评分值记录于表 3-14 中。

表 3-14　教师评价表

教师总体评价意见：

	教师评分（30分）	
	总评分＝自我评分＋小组评分＋教师评分	

教师签名：＿＿＿＿＿＿＿＿＿　＿＿＿＿年＿＿月＿＿日

学习任务 3.3　电梯安全保护和电气系统的维护保养

任务目标

核心知识：
进一步了解电梯安全保护和电气系统的构成与基本原理。
核心技能：
学会电梯安全保护和电气系统主要部件的维护保养方法。

任务分析

通过完成电梯限速器和安全钳、缓冲器、电气控制柜和轿厢内照明通风装置的维护保养，初步学会电梯安全保护和电气系统主要部件的维护保养方法。

子任务 3.3.1　限速器和安全钳的维护保养

知识准备

限速器和安全钳的维护保养要求
1. 限速器的维护保养要求
（1）限速器的结构
限速器的结构及其张紧装置如图 3-9a、b 所示。
（2）限速器相关技术要求
1）限速器绳轮的不垂直度应不大于 0.5mm，限速器可调节部件应加的封件必须完好，限速器应每两年整定校验一次。
2）限速器钢丝绳在正常运行时不应触及夹绳钳口，开关动作应灵活可靠，活动部分应保持润滑。

a) 弹性夹持式限速器结构图

b) 张紧装置结构图

图 3-9　限速器和张紧装置

3）限速器动作时，限速器绳的张紧力至少应是 300N 或提起安全钳所需力的两倍。

4）限速器的绳索张紧装置底面距底坑平面的距离见表 3-15。固定式张紧装置按照制造厂的设计范围整定。

表 3-15　移动式张紧装置底面与底坑平面间距

电梯类别	高速电梯	快速电梯	低速电梯
距离底坑平面高度/mm	750±50	550±50	400±50

5）限速器钢丝绳的维护检查与曳引钢丝绳相同，具有同等重要性。维修人员站在轿顶上，抓住防护栏，电梯以慢速在井道内运行全程，仔细检查钢丝绳与绳套是否正常。

6）限速器的压绳舌作用时，其工作面应均匀地紧贴在钢丝绳上，在动作解脱后，应仔细检查被压绳区段有无断丝、压痕、折曲，并用油漆做记号，以便再次检查时重点注意该区段钢丝绳的损伤情况。

7）检查张紧装置行驶开关打板的固定螺栓是否松动或产生移位，应保证打板能够碰撞开关触点。

8）检查绳轮、张紧轮是否有裂纹和绳槽磨损情况。在运行中若钢丝绳有断续抖动，表明绳轮或张紧轮轴孔已磨损变形，应换轴套。

9）张紧装置应工作正常，绳轮和导轮装置与运动部位均润滑良好，每周加油一次，每年需拆检和清洗加油。

10）限速器应校验正确，在轿厢下降速度超过限速器规定速度时，限速器应立即作用带动安全钳，安全钳钳住导轨立即制停轿厢。限速器最大动作速度见表3-16。

表3-16　常见电梯限速器最大动作速度

轿厢额定速度/(m/s)	限速器最大动作速度/(m/s)	轿厢额定速度/(m/s)	限速器最大动作速度/(m/s)
≤0.50	0.85	1.75	2.26
0.75	1.05	2.00	2.55
1.00	1.40	2.50	3.13
1.50	1.98	3.00	3.70

（3）限速器的维护保养方法

1）经常性检查。

① 检查限速器动作的可靠性，如使用甩块式刚性夹持式限速器，要检查限速器动作的可靠性。注意，当夹绳钳（楔块）离开限速器时，要仔细检查此钢丝绳有无损坏现象。

② 检查限速器运转是否灵活可靠，限速器运转时声音应当轻微而又均匀，绳轮运转应没有时松时紧的现象。

③ 一般检查方法是：先在机房耳听、眼看，若发现限速器有时误动作、打点或有其他异常声音，则说明该限速器有问题，应及时找出故障原因，进行检修或送制造厂修理、调整。

④ 检查限速器钢丝绳和绳套有无断丝、折曲、扭曲和压痕。其检查方法是：在司机开动电梯慢速在井道内运行的全程中，在机房中仔细观察限速器钢丝绳。当发现问题时，如属于还可以用的范围，必须做好记录，并用油漆做好标记，作为今后重点检查的位置。若钢丝绳和绳套必须更换时，应立即停梯更换，不可再用。

⑤ 检查限速器旋转部位的润滑情况是否良好。

⑥ 检查限速器上的绳轮有无裂纹、绳槽磨损量是否过大。

⑦ 检查限速器的张紧装置到底坑检查张紧装置行程开关打板的固定螺栓有无松动或位移，应保证打板能碰动行程开关触点；还要检查有关零部件是否磨损、破裂等。

2）维护保养工作。

① 限速器出厂时，均经过严格的检查和试验，维修时不准随意调整限速器弹簧的张紧力，不准随意调整限速器的速度，否则会影响限速器的性能，危及电梯的安全保护系统。另外，对于限速器出厂时的铅封不要私自拆动，若发现问题且不能彻底解决，应送到厂家修理或更换。

② 对限速器和限速器张紧装置的旋转部分，每周加一次油，每年清洗一次。

③ 在电梯运行过程中，一旦发生限速器、安全钳动作，将轿厢加持在导轨上，此时，应经过有关部门鉴定、分析，找出故障原因，解决后才能检查或恢复限速器。

2. 安全钳的维护保养要求

（1）安全钳的结构

安全钳结构及动作开关如图3-10a、b所示。

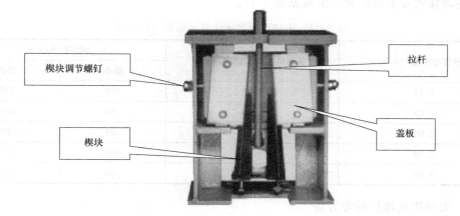

a) 楔块渐进式安全钳整体图

b) 轿顶安全钳电气开关图

图3-10　安全钳

（2）安全钳的技术要求

1）安全钳拉杆组件系统动作时转动灵活可靠，无卡阻现象，系统动作的提拉力不超过150N。

2）安全钳楔块面与导轨侧面间隙应为2~3mm，且两侧间隙应较均匀，安全钳动作灵活可靠。

3）安全钳开关触点良好，当安全钳工作时，安全钳开关应率先动作，并切断电梯电气安全回路。

4）安全钳上所有的机构零件应去除灰尘、污垢及旧有的润滑脂，对构件的接触摩擦表面用煤油清洗，且涂上清洁机油，然后检测所有手动操作的行程，应保证未超过电梯的各项限值。从导靴内取出楔块，清理闸瓦和楔块的工作表面，并在楔块上涂上制动油，再安装复位。

5）利用水平拉杆和垂直拉杆上的张紧接头调整楔块的位置，使每个楔块和导轨间的间隙保持在2~3mm，然后使拉杆的张紧接头定位。

6）检查制动力是否符合要求，渐进动作式安全钳制动时的平均减速度应在 $0.2g \sim 1.0g$ 之间（注：g 为重力加速度 $=9.8 \mathrm{m/s^2}$）。

7）轿厢被安全钳制停时不应产生过大的冲击力，同时也不能产生太长的滑行。因此，规定渐进动作式安全钳的制停距离见表 3-17。

表 3-17 电梯渐进动作式安全钳的制停距离

电梯额定速度/（m/s）	限速器最大动作速度/（m/s）	制停距离/mm	
		最小	最大
1.50	1.98	330	840
1.75	2.26	380	1020
2.00	2.55	460	1220
2.50	3.13	640	1730
3.00	3.70	840	2320

（3）安全钳的维护保养方法

1）安全钳动作的可靠性试验。为保证安全钳、限速器工作时的可靠性，每半年应做一次限速器、安全钳联动试验。其方法如下：轿厢空载，从 2 层开始，以检修速度下行；用手搬动限速器，使连接钢丝绳的杠杆提起，此时轿厢应停止下降，限速器开关应同时动作，切断控制回路的电源；松开安全钳楔块，使轿厢慢速向上行驶，此时导轨有被咬住的痕迹，应对称、均匀；试验后，应将导轨上的咬痕，用手砂轮、锉刀、油石、纱布等打磨光滑。

2）检查安全钳的操纵机构和制停机构中所有构件是否完整无损和灵活可靠。

3）安全钳钳座和钳块部分（即安全嘴）有无裂损及油污塞入（检查时，检修人员进入底坑安全区域，然后将轿厢行驶至底坑端站附近）。

4）轿厢外两侧的安全钳楔块应同时动作，且两边用力一致。

任务实施

步骤一：限速器与安全钳维护保养的前期工作

1）检查是否做好电梯维保的警示及相关安全措施。

2）向相关人员（如管理人员、乘用人员或司机）说明情况。

3）按规范做好维保人员的安全保护措施。

步骤二：限速器与安全钳的保养步骤与方法

1）维修人员整理清点维修工具与器材。

2）放好"有人维修，禁止操作"的警示牌。

3）将轿厢运行到基站。

4）到机房将选择开关打到检修状态，并挂上警示牌。

5）按照对限速器的维护保养的内容及要求（见表 3-18）对限速器进行维护保养。

6）按照对安全钳的维护保养的内容及要求（见表 3-19）对安全钳进行维护保养。

7）完成对限速器和安全钳维保工作后，进行一次限速器与安全钳的联动试验，具体试验内容及要求见表 3-20。

8）完成维保工作后，将检修开关复位，并取走警示牌。

表 3-18　电梯限速器维护保养内容及要求

序号	维保内容及要求
1	限速器运动部件转动灵活
2	各销轴部位无异常响声
3	限速器铅封或漆封标记齐全
4	张紧轮配重块离地高于 100mm
5	钢丝绳断裂或松弛时,保护开关正确动作
6	张紧装置各运动部分动作灵活
7	电梯运行中,无显著的振动、噪声现象
8	张紧轮装置滚动轴承或传动部位加钙基润滑脂
9	钢丝绳及绳槽无严重油垢、磨损
10	各电气开关及触点工作可靠,接线良好
11	限速器钢丝绳磨损在规定值之内
12	限速器钢丝绳无断(裂)股现象
13	与安全钳拉杆连接部位无过量磨损和损坏
14	钢丝绳端部组装良好,夹绳方向正确
15	清洗限速轮、张紧轮轴并加润滑油
16	限速器各动作符合要求

表 3-19　电梯安全钳维护保养内容及要求

序号	维保内容及要求
1	安全钳及联动机构部位齐全
2	安全钳及联动机构无过量磨损
3	安全钳及联动机构无损坏
4	安全钳各楔块与导轨间距均匀
5	安全钳各楔块位置正确
6	安全钳各部位无油污
7	清洁安全钳所有活动销轴、拉杆、弹簧
8	使用锂基润滑油润滑安全钳嘴
9	使用 N46 普通机油润滑安全钳拉条转轴处
10	传动杆件的配合传动处涂机械防锈油
11	手动提拉安全钳拉杆,动作灵活有效

表 3-20　电梯限速器、安全钳联动试验内容及要求

序号	操作项目
1	轿厢空载,从 2 层开始,以检修速度下行
2	用手搬动限速器,使连接钢丝绳的杠杆提起。查看轿厢是否停止,限速器开关是否动作
3	检查轿厢外两侧安全钳楔块是否同时动作,且两边一致
4	松开安全钳楔块,使轿厢慢速向上行驶,此时导轨有被咬住的痕迹,查看导轨被咬住的痕迹是否对称、均匀
5	试验后,将导轨上的咬痕打磨光滑

子任务 3.3.2 缓冲器的维护保养

知识准备

缓冲器的维护保养要求

1. 缓冲器的基本结构与作用

电梯缓冲器的基本结构如图 3-11 所示。缓冲器是位于行程端部的用来吸收轿厢或对重动能的一种缓冲安全装置，在下述情况下起作用：

1）当电梯轿厢到达下端站时，虽然短暂停车，限位、极限开关都已动作，但是，由于电梯超载、钢丝绳打滑或制动器失灵等原因，轿厢未能在规定的距离内制停，发生失控后下冲撞底，这时底坑内的轿厢缓冲器就与轿厢接触，衰减轿厢重量对底坑的冲击，并使其制停。

图 3-11　液压耗能型缓冲器结构图

2）当电梯轿厢行驶至顶部端站时，由于顶部极限开关失灵，形成冲顶，这时对重落到底坑内的对重缓冲器上，对重缓冲器即起到缓冲作用，使轿厢避免冲击楼板。

3）当电梯轿厢上的悬挂曳引钢丝绳断裂时，轿厢失控下降，而限速器与安全钳又未能起作用，轿厢下坠撞底，这时由缓冲器减缓能量冲击而使轿厢制停。

2. 缓冲器的维保内容与方法

缓冲器的维保内容与方法见表 3-21。

表 3-21　缓冲器的维保内容及方法

维护保养周期	维护保养内容及方法
季度维护保养	1. 使用棉布蘸清洁剂清洁缓冲器表面灰尘和污垢
	2. 检查缓冲器是否有漏油现象
	3. 使用油位量规检查缓冲器油位是否合适。如缺少，则必须补充
	4. 检查缓冲器表面是否有锈蚀和油漆脱落。如有，使用 1000#砂纸打磨光滑，去除锈蚀后补漆防锈
	5. 检查液压油缸壁和活塞柱是否有污垢；清洁表面，如有锈蚀，使用 1000#砂纸打磨除锈。有的活塞表面有一层防锈漆，清洁时不应去掉
	6. 使用干净棉布蘸机油润滑活塞柱
	7. 检查缓冲器顶端是否有橡胶垫块，如没有，则需补上
	8. 检查缓冲器安装是否牢固、垂直
	9. 用体重检查缓冲器运动状况：站在活塞上，跳动几下，检查活塞是否有 50~100mm 的活动范围，电气开关是否动作。如果活塞没有动，那么需要检查缓冲器是否有问题

任务实施

步骤一：缓冲器维护保养的前期工作

1）检查是否做好了电梯维保的警示及相关安全措施。

2）向相关人员（如管理人员、乘用人员或司机）说明情况。

3）按规范做好维保人员的安全保护措施。

步骤二：缓冲器的维护保养步骤、方法及要求

1）维修人员整理清点维修工具与器材。

2）放好"有人维修，禁止操作"的警示牌。

3）将轿厢运行到基站。

4）到机房将选择开关打到检修状态，并挂上警示牌。

5）检查以下项目：

① 缓冲器的各项技术指标（如缓冲行程）以及安全工作状态是否符合要求。

② 缓冲器的油位及泄漏情况（至少每季度检查一次），液面高度应经常保持在最低油位线上。油的凝固点应在−10℃以下，黏度指数应在 115 以上。

③ 缓冲器弹簧有无锈蚀，如有则用 1000#砂纸打磨光滑，并涂上防锈漆。

④ 缓冲器上的橡胶冲垫有无变形、老化或脱落，若有应及时更换。

⑤ 缓冲器柱塞的复位情况。检查方法是以低速使缓冲器到全压缩位置，然后放开，从开始放开的一瞬间计算，到柱塞回到原位置上，所需时间应不大于 90s（每年检查一次）。

⑥ 轿厢或对重撞击缓冲器后，应全面检查，如发现缓冲器不能复位或歪斜，应予以更换。

⑦ 检查电气保护开关，看是否固定牢靠，动作是否灵活、可靠。

6）做好以下项目的维修保养（具体内容及要求可见表 3-22）：

① 缓冲器的柱塞外露部分要清除尘埃、油污，保持清洁，并涂上防锈油脂。

② 定期对缓冲器的油缸进行清洗，更换废油。

③ 定期查看并紧固好缓冲器与底坑下面的固定螺栓，防止松动。

7）完成维保工作后，将检修开关复位，并取走警示牌。

表 3-22　电梯缓冲器维修保养内容及要求

序号	维保内容	维保要求
1	维保前工作	准备好工具
2	缓冲器复位试验	压缩后能自动复位
		复位后，电气开关才恢复正常
3	缓冲器柱塞	无锈蚀
4	电气保护开关	固定牢靠，动作灵活、可靠
5	缓冲器液位	液位正常
6	缓冲距	顶面至轿厢距离符合要求
7	缓冲器清洁	无灰尘、油垢

评价反馈

（一）自我评价（40 分）

首先由学生根据学习任务完成情况进行自我评价，评分值记录于表 3-23 中。

表 3-23　自我评价表

学习任务	学习内容	配分	评分标准	扣分	得分
子任务 3.3.1、 3.3.2	1. 安全意识	10分	1. 不按要求穿着工作服、戴安全帽、穿防滑电工鞋(扣1~5分) 2. 不按要求相互协作，做不到有问有答(扣1~5分) 3. 不按要求进行带电或断电作业(扣1~5分) 4. 在电梯底坑有人时移动轿厢或进入轿顶(扣1~5分) 5. 不按安全要求规范使用工具(扣1~5分) 6. 其他的违反安全操作规范的行为(扣1~5分)		
	2. 限速器与安全钳维护保养	40分	1. 维护保养前工具选择不正确(扣5分) 2. 维护保养操作不规范(扣5~10分) 3. 维护保养工作未完成(扣5~10分)		
	3. 安全钳限速器联动测试	10分	1. 轿厢下降速度不正确(扣2分) 2. 不会手动操作限速器动作(扣2分) 3. 不会调整安全钳楔块复位(扣2分) 4. 不会修复安全钳楔块留下的咬印(扣2分) 5. 联动测试步骤不正确(扣2分)		
	4. 缓冲器维护保养	30分	1. 未做缓冲器复位试验(两项各扣1~5分,总计扣10分) 2. 不按要求对缓冲器柱塞进行保养(扣1~5分) 3. 不按要求对缓冲器电气保护开关进行保养(扣1~5分) 4. 不按要求对缓冲器液位进行检查及加注液压油(扣1~5分) 5. 不按要求对缓冲器缓冲距进行测量及调整(扣1~5分) 6. 不按要求对缓冲器进行清洁(扣1~5分)		
	5. 职业规范和环境保护	10分	1. 在工作过程中工具和器材摆放凌乱(扣1~2分) 2. 不爱护设备、工具,不节省材料(扣1~2分) 3. 在工作完成后不清理现场,在工作中产生的废弃物不按规定处置(各扣1~2分,若将废弃物遗弃在井道内的可扣4分)		
			总评分 = (1~5项总分)×40%		

签名：_____　_____年___月___日

（二）小组评价（30分）

再由同一实训小组的同学结合自评的情况进行互评，将评分值记录于表 3-24 中。

表 3-24　小组评价表

评价内容	配分	评分
1. 实训记录与自我评价情况	30分	
2. 相互帮助与协作能力	30分	
3. 安全、质量意识与责任心	40分	
总评分 = (1~3项总分)×30%		

参加评价人员签名：_____　_____年___月___日

（三）教师评价（30分）

最后，由指导教师结合自评与互评的结果进行综合评价，并将评价意见与评分值记录于表 3-25 中。

表 3-25　教师评价表

教师总体评价意见：

	教师评分（30分）
	总评分＝自我评分＋小组评分＋教师评分

教师签名：_____　_____年____月____日

子任务 3.3.3　电气控制柜和其他电气线路的维护保养

知识准备

电梯电气控制柜和其他电气线路的维护保养

1. 电气控制柜的维护保养

（1）电气控制柜的检查

断开曳引电动机电源，检查控制柜是否正常工作。在断开电气控制柜的电源后，进行以下检查：

①用软毛刷或吸尘器清扫控制柜内的积尘。观察仪表、接触器、继电器等电器的外表，动作是否灵活可靠，有无明显噪声，有无异常气味，连接导线、接点是否牢固、无松动；变压器、板形电阻器、整流器等有无过热现象。

②检查继电器、接触器的触点有无烧蚀的地方，可用细砂布将氧化部分、炭粉及污垢除去，再用酒精、汽油或四氯化碳清洗擦拭干净。检查调整继电器、接触器触点弹簧压力，使触点有良好的接触。

③检查控制柜内接线端子板压线有无松动现象；各熔断器中熔断体选用是否合适。

（2）电气控制柜维护保养的内容和方法

电梯电气控制柜的维保内容及方法见表 3-26。

表 3-26　电梯电气控制柜的维保内容及方法

序号	部　位	维保内容	维保周期
1	控制柜内	清扫积尘	每季度
2	各电气元器件	接线无松动，工作、温升正常	每半月
3	接触器主触点	无烧蚀	每季度
4	其他继电器、接触器触点	接触良好	每年

2. 轿厢有关电气装置的维护保养

（1）轿厢内照明与通风装置

1）轿厢内检修盒。

检修盒在电梯轿厢内操纵屏的下部，平时锁上，只有在对电梯进行检修保养时才由管理维护人员或电梯司机用锁匙打开。检修盒内有轿厢照明开关和风扇开关，如图 3-12 所示。

图 3-12　轿厢内检修盒

2）轿厢内照明装置。

轿厢内照明装置如图 3-13 所示。

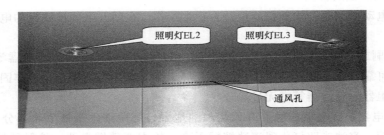

图 3-13　轿厢内照明灯和通风孔

3）轿顶通风电动机。

轿顶通风电动机如图 3-14 所示。

图 3-14　轿顶通风电动机

（2）轿厢有关电气装置维护保养的内容与方法

轿厢有关电气装置维护保养的内容与方法见表 3-27。

表 3-27　轿厢有关电气装置维保内容及方法

维护保养周期	维护保养内容及方法
日维护保养	1. 轿厢内照明装置灯无损坏，无不良现象
	2. 轿厢通风装置能正常起动，送风量大小合适
	3. 轿内地板照度在 50lx 以上
	4. 通风孔无堵塞
半月维护保养	停电后应急照明装置应正常，并能保证应急照明至少能持续 1h
季度维护保养	1. 检查风扇有没有问题，并清洁轿厢风扇
	2. 给风扇轴承加注润滑油

任务实施

步骤一：维护保养的前期工作

1）检查是否做好了电梯维保的警示及相关安全措施。

2）向相关人员（如管理人员、乘用人员或司机）说明情况。

3）按规范做好维保人员的安全保护措施。

步骤二：维护保养步骤、方法及要求

1）维修人员整理清点维修工具与器材。

2）放好"有人维修，禁止操作"的警示牌。

3）将轿厢运行到基站。

4）到机房将选择开关打到检修状态，并挂上警示牌。

5）按表 3-26 所列项目对电气控制柜进行维护保养，具体内容及要求见表 3-28。

6）按表 3-27、表 3-29 所列项目与要求对轿厢有关电气装置进行维护保养。

7）完成维保工作后，将检修开关复位，并取走警示牌。

表 3-28　电梯电气控制柜维护保养内容及要求

序号	维保内容	维保要求
1	维保前工作	准备好工具
2	控制柜内清洁	清洁无积尘
3	各电气元器件	接线无松动，工作、温升正常
4	接触器主触点	无烧蚀
5	其他继电器、接触器触点	接触良好

表 3-29　电梯轿厢有关电气装置维护保养内容及要求

序号	维保内容	维保要求
1	维保前工作	准备好工具
2	照明装置	照明电源主开关正常
3		轿厢地面照度 50lx 以上

（续）

序号	维保内容	维保要求
4		通风电动机运行正常
5		通风电动机已清洁
6		轿顶送风面积不少于轿厢有效面积的 1%
7	通风装置	轿壁送风面积不大于轿厢有效面积的 50%
8		直径为 10mm 的硬直棒不能插入通风孔
9		送风大小符合要求
10		送风孔无堵塞
11		清洁轿厢风扇
12		风扇轴承加油

评价反馈

（一）自我评价（40分）

首先由学生根据学习任务完成情况进行自我评价，评分值记录于表 3-30 中。

表 3-30　自我评价表

学习任务	学习内容	配分	评分标准	扣分	得分
学习任务 3.3.3	1. 安全意识	10分	1. 不按要求穿着工作服、戴安全帽、穿防滑电工鞋（扣1~2分） 2. 在轿顶操作不系好安全带（扣1分） 3. 不按要求进行带电或断电作业（扣1~2分） 4. 在电梯底坑有人时移动轿厢或进入轿顶（扣1分） 5. 不按安全要求规范使用工具（扣1~2分） 6. 其他的违反安全操作规范的行为（扣1~2分）		
	2. 电气控制柜维护保养	40分	1. 维护保养前工具选择不正确（扣10分） 2. 维护保养操作不规范（扣5~30分） 3. 维护保养工作未完成（每项扣10分）		
	3. 轿厢内照明与通风装置维护保养	40分	1. 维护保养前工具选择不正确（扣10分） 2. 维护保养操作不规范（扣5~30分） 3. 维护保养工作未完成（每项扣10分）		
	4. 职业规范和环境保护	10分	1. 在工作过程中工具和器材摆放凌乱（扣1~2分） 2. 不爱护设备、工具，不节省材料（扣1~2分） 3. 在工作完成后不清理现场，在工作中产生的废弃物不按规定处置（各扣2分，若将废弃物遗弃在井道内的可扣4分）		

总评分 =（1~4 项总分）×40%

签名：_____ ____年____月____日

（二）小组评价（30分）

再由同一实训小组的同学结合自评的情况进行互评，将评分值记录于表 3-31 中。

表 3-31　小组评价表

评价内容	配分	评分
1. 实训记录与自我评价情况	30分	
2. 相互帮助与协作能力	30分	
3. 安全、质量意识与责任心	40分	

总评分 =（1~3 项总分）×30%

参加评价人员签名：_____ ____年____月____日

（三）教师评价（30分）

最后，由指导教师结合自评与互评的结果进行综合评价，并将评价意见与评分值记录于表 3-32 中。

表 3-32　教师评价表

教师总体评价意见：

教师评分（30分）	
总评分＝自我评分＋小组评分＋教师评分	

教师签名：_____　_____年____月____日

项目总结

1. 学习任务 3.1 学习电梯曳引系统维护保养的知识和方法

1）按照有关规定，电梯的维保项目分为半月、季度、半年、年度等四类，各类维保的基本项目（内容）和要求分别见附件 A～附件 D（见附录）。维保单位应当依据各附件的要求，按照安装使用维护说明书的规定，并且根据所保养电梯使用的特点，制定合理的维保计划与方案，对电梯进行清洁、润滑、检查、调整，更换不符合要求的易损件，使电梯达到安全要求，保证电梯能够正常运行。

2）电梯的曳引系统是电梯的动力系统，本任务中主要介绍了对电梯的减速箱和制动器的维护保养内容和方法。

2. 学习任务 3.2 学习电梯机械系统中门系统和导向系统维护保养的知识和方法

1）门系统的维保包括对轿厢门（及安全触板）、层门和自动门机构的维保。电梯的门系统是电梯故障的多发区域，因此门系统的维护保养工作显得尤其重要。

2）电梯的导向系统主要由导轨、导轨架和导靴组成，因此其维保的基本项目包括对导轨、导轨架、导靴和油杯的维护保养。

3. 学习任务 3.3 学习电梯安全保护和电气系统的维护保养知识和方法

1）安全保护系统主要介绍了限速器、安全钳与缓冲器的维护保养。这些都是对电梯安全性能非常重要的设施与装置，其维保工作也显得特别重要。

2）电气系统的维保主要介绍了电气控制柜的维保。至于其他电气线路（零部件）的维保，在此仅介绍了轿厢内照明与通风装置的维保。

思 考 与 练 习 题

一、填空题

1. 电梯的维保分为_____、_____、_____和_____维保。

2. 当发现减速箱内蜗轮与蜗杆啮合轮齿侧间隙超过_____mm，或轮齿磨损量达到原齿厚的_____%时，应予以更换。

3. 制动器在松闸时两侧闸瓦应同步离开制动轮表面，且其间隙应不大于_____mm。

4. 轿门关闭后的门缝隙应不大于_____mm。

5. 在保养导靴上油杯时应检查吸油毛毡是否齐全，_____。

6. 导轨连接板与导轨底部加工面的平面度应不大于_____mm。

7. 限速器绳轮的不垂直度应不大于_____mm。

8. 安全钳楔块面与导轨侧面间隙应为_____mm，且两侧间隙应较均匀。

二、选择题

1. 在正常条件下，减速箱各机件及轴承温度不得超过（　　），减速箱中的油温不得超过（　　）。

A. 70℃　　　　　　　B. 75℃　　　　　　　C. 85℃

2. 减速箱滚动轴承用轴承润滑脂必须填满轴承空腔的（　　）。

A. 1/2　　　　　　　B. 1/3　　　　　　　C. 2/3

3. 制动器电磁线圈的温升应不超过（　　），最高温度不高于（　　）。

A. 60℃　　　　　　　B. 85℃　　　　　　　C. 105℃

4. 层门地坎槽中有异物，可能会造成电梯（　　）。

A. 运行不稳　　　　　B. 关门不到位　　　　C. 运行噪声大

5. 门刀与各层层门地坎间的间隙均应为（　　）。

A. 5mm　　　　　　　B. 5~8mm　　　　　　C. 10mm

6. 在轿厢下降速度超过限速器规定速度时，限速器应立即作用带动（　　）制停轿厢。

A. 安全钳　　　　　　B. 极限开关　　　　　C. 导靴

7. 检查缓冲器柱塞复位情况的方法是：以低速使缓冲器到全压缩位置，然后放开，从开始放开的一瞬间计算，到柱塞回到原位置上，所需时间应不大于（　　）。

A. 60s　　　　　　　B. 90s　　　　　　　C. 120s

8. 限速器动作时，限速绳的最大张力应不小于安全钳提拉力的（　　）倍。

A. 5　　　　　　　　B. 3　　　　　　　　C. 2

9. 瞬时式安全钳用于速度不大于（　　）m/s的电梯，渐进式安全钳用于速度大于（　　）m/s的电梯。

A. 0.63　　　　　　　B. 1.0　　　　　　　C. 1.75

10. 做电梯电气控制柜内的清洁（　　）。

A. 应断开电源　　　　B. 不应断电源　　　　C. 电源是否断开可随意

三、判断题

1. 减速箱允许两种以上的机油混合使用。（　　）

2. 减速箱的蜗轮与蜗杆在更换时要成对更换。（　　）

3. 应定期给制动器的制动闸瓦和制动轮加润滑油。（　　）

4. 如果门锁开关损坏，可以将门锁开关触点短接来使电梯暂时运行。（　　）

5. 当电梯因故障停在门区范围内，轿厢门应能在里面用手扒开。（　　）

6. 导轨可以焊接活用螺栓直接固定在导轨架上。（　　）

7. 油杯是安装在导靴上给导轨和导靴润滑的自动润滑装置。（　　）

8. 对限速器钢丝绳的维护检查没有曳引钢丝绳的重要。(　　)

9. 在对限速器进行检修维保时，应随时调整限速器弹簧的张紧力，以调整限速器的速度。(　　)

10. 轿厢被安全钳制停时不应产生过大的冲击力，同时也不能产生太长的滑行。(　　)

四、学习记录与分析

1. 分析附表 A-1~附表 A-4 中的内容，小结学习电梯维护保养规定的主要收获与体会。

2. 分析表 3-2，清楚电梯减速箱的维保内容的维保周期，并小结电梯减速箱维护保养的过程、步骤、要点和基本要求。

3. 分析表 3-3，清楚电梯制动器的维保内容的维保周期，并小结电梯制动器维护保养的过程、步骤、要点和基本要求。

4. 分析表 3-7，清楚电梯门系统的维保内容的维保周期，并小结电梯门系统维护保养的过程、步骤、要点和基本要求。

5. 分析表 3-8、表 3-9、表 3-10，清楚电梯导向系统的维保内容，并小结电梯导向系统维护保养的过程、步骤、要点和基本要求。

6. 分析表 3-18、表 3-19 和表 3-20，清楚电梯限速器和安全钳的维保内容，并小结电梯限速器和安全钳维护保养的过程、步骤、要点和基本要求。

7. 分析表 3-21、表 3-22，清楚电梯缓冲器的维保内容，并小结电梯缓冲器维护保养的过程、步骤、要点和基本要求。

8. 分析表 3-28，清楚电梯电气控制柜的维保内容，并小结电梯电气控制柜维护保养的过程、步骤、要点和基本要求。

9. 分析表 3-29，清楚电梯轿厢内照明与通风装置的维保内容，并小结电梯轿厢内照明与通风装置维护保养的过程、步骤、要点和基本要求。

五、试叙述对本项目与实训操作的认识、收获与体会

项目4

自动扶梯

项目目标

了解自动扶梯的基本结构和运行原理；熟悉自动扶梯的安全使用、运行管理与维护保养。

任务目标

核心知识：

了解自动扶梯的基本结构，各运行系统的名称、结构、分类和作用；掌握其运行原理。

核心技能：

熟悉自动扶梯安全保护系统，熟悉各个安全装置的名称、位置、动作原理及作用。

任务分析

通过本任务的学习，了解各种自动扶梯的基本结构，各运行系统的名称、结构、分类和作用；理解其运行原理。同时熟悉自动扶梯安全保护系统，熟悉各个安全装置的名称、位置、作用及原理。

知识准备

一、自动扶梯概述

自动扶梯是一种带有循环梯路向上或向下（与地面成 30°～35°倾斜角）输送乘客的运输设备，如图 1-3a 所示。由于自动扶梯是连续运行的，所以在人流较密集的公共场所（如机场、车站、商场等）被大量使用。我国自 1959 年在北京火车站安装了第一部国产自动扶梯以来，现在已能生产多种型式和规格的自动扶梯。

1. 自动扶梯的分类

1）按载重形式区分：分为重载型（公共交通）和轻载型。

2）按梯级运行轨迹分：可分为直线型（传统型）、螺旋型、跑道型和回转螺旋型 4 类。

3）按牵引方式区分：分为链条式（端部驱动）和齿条式（中间驱动）。

4）按安装场所区分：可分为户内式和户外式。

5）按驱动装置布置区分：有端部驱动和中间驱动两类。

6）按运行速度区分：分为恒速和可调速两种。

7）按使用条件区分：分为普通型和公共交通型（每周大于 140h 运行时间）两种类型。

2. 自动扶梯的主要参数

1）提升高度（H）——指自动扶梯进出口两楼层板之间的垂直高度距离，如图 4-1 所示。

2）倾斜角（α）——指梯级、踏板或胶带运行方向与水平面构成的最大角度。自动扶梯的倾斜角（α）一般 ≤30°，当提升高度 H≤6m 且名义速度 ≤0.5m/s 时，倾斜角允许增至 35°，如图 4-1 所示。

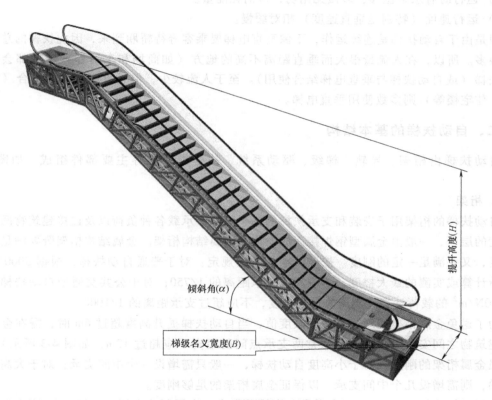

图 4-1 自动扶梯的主要参数

3）名义速度（v）——是自动扶梯设计所规定的运行速度（m/s）。当倾斜角 α≤30°时，名义速度 ≤0.75m/s；当倾斜角 α≤35°时，名义速度 ≤0.5m/s。

4）梯级名义宽度（B）——对自动扶梯设定的理论上的宽度值，一般指自动扶梯梯级安装后横向测量的踏面长度，要求 0.58m≤B≤1.1m，如图 4-1 所示。

5）最大输送能力——指用于交通流量的规划时，自动扶梯每小时能够输送的最多人员数量，见表 4-1。

表 4-1　自动扶梯每小时能够输送的最多人员数量

梯级或踏板宽度(B)/m	名义速度(v)/(m/s)		
	0.50	0.65	0.75
0.6	3600 人/h	4400 人/h	4900 人/h
0.8	4800 人/h	5900 人/h	6600 人/h
1.0	6000 人/h	7300 人/h	8200 人/h

注：使用购物车和行李时将导致输送能力下降约 80%

3. 自动扶梯的主要特点

自动扶梯和垂直电梯都是运送乘客的交通工具，但两者使用的场合不同。与垂直电梯相比，自动扶梯有以下缺陷：

1）所占空间较多，造价较高。

2）运行时有水平位移，多做无用功，多消耗能量。

3）运行速度（特别是垂直速度）相对缓慢。

但是由于自动扶梯是连续运作，不像垂直电梯要乘客等待轿厢到来，因此扶梯的总载客量高很多。所以，在人流量很大而垂直距离不高的地方（如商场和车站等）一般都会使用自动扶梯（或自动扶梯与垂直电梯结合使用）。至于人流较少，但垂直距离大的场合（如写字楼、住宅楼等）则多数使用垂直电梯。

二、自动扶梯的基本结构

自动扶梯由桁架、导轨、梯级、驱动系统、扶手带系统等主要部件组成，如图 4-2 所示。

1. 桁架

自动扶梯的桁架用于安装和支承扶梯的各个部件，承载各种负荷以及连接建筑物两个不同高度的层面，一般由金属型钢焊接而成，称为金属结构桁架。金属结构桁架既要满足一定的强度，又要满足一定的刚度。按照国家标准的规定：对于普通自动扶梯，根据 5000N/m² 的载荷计算或实测的最大挠度，不应超过支承距离的 1/750；对于公共交通型自动扶梯，根据 5000N/m² 的载荷计算或实测的最大挠度，不应超过支承距离的 1/1000。

为了避免金属桁架挠度超出最大限度值，当自动扶梯提升高度超过 6m 时，需在金属桁架与建筑物之间安装中间支承（通常两支承点间的距离不应超过 12m，如图 4-3 所示），用以加强金属桁架的刚度。对于小高度自动扶梯，一般只需增设一个中间支承；对于大高度自动扶梯，则需增设几个中间支承，以保证金属桁架的足够刚度。

金属结构桁架一般由上/下水平段和直线段组成。为了制造方便，一般将上/下段做成标准段，直线段的长度由提升高度决定，在制作时可做成若干标准直线段及非标准直线段。金属结构桁架有两种型式，即整体式结构（见图 4-4a）和分体式结构（见图 4-4b）。

大提升高度自动扶梯的金属结构桁架通常由多段结构组成（即分体式结构）。除上/下水平段和直线段外，还有若干中间结构段。中间结构段的下弦杆的节点支承在一系列的安装基础上，形成多支撑结构。生产制造、运输等环节可以分段进行，以降低制作运输的难度及成本。

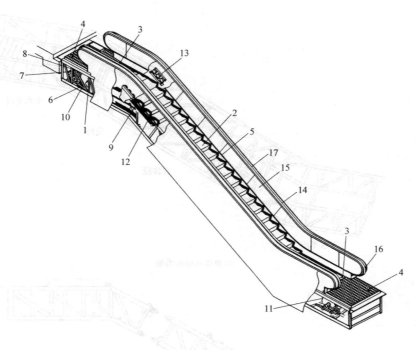

图 4-2　自动扶梯的基本结构

1—桁架　2—梯级　3—梳齿　4—地板　5—裙板　6—驱动装置　7—减速装置
8—曳引电动机　9—梯级链　10—主驱动轴　11—梯级链张紧装置　12—导轨　13—扶手带驱动装置
14—扶手带　15—内侧板　16—操纵板　17—盖板

图 4-3　金属结构桁架中间支承

2. 导轨

自动扶梯的导轨如图 4-5 所示，导轨是扶梯的主要部件之一，其作用在于支承由梯级主轮和副轮传递来的梯路载荷，保证梯级按一定的规律运动。导轨应满足梯路设计要求，应具

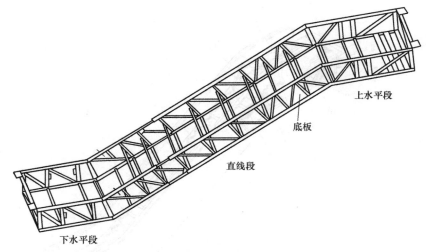

上水平段

底板

直线段

下水平段

a) 整体式结构桁架

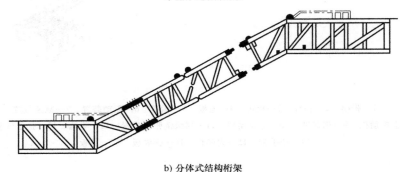

b) 分体式结构桁架

图 4-4　金属结构桁架

有光滑、平整、耐磨的工作表面。导轨包括主
轮导轨、副轮导轨、支承导轨、卸荷导轨等，
其结构如图 4-6 所示。

1）主、副轮导轨设置在扶梯直线段，分为
前进侧导轨和返回侧导轨，主要由角钢和金属
弯折板构成。

2）支承导轨设置在扶梯上下梳齿相交处水
平段，分为主轮支撑导轨和副轮支撑导轨。当
主轮发生异常时，梯级在进入梳齿前后由主轮
支撑导轨支持梯级的链轴；当副轮发生异常时，
梯级在进入梳齿前后由副轮支撑导轨支持梯级
的踢板横梁，从而保持梯级不塌陷，保证梯级
与梳齿正常啮合，起到安全保护作用。

3）卸荷导轨设置在扶梯上弯曲段，分为前
进侧卸荷导轨和返回侧卸荷导轨。其作用是避

图 4-5　自动扶梯的导轨

免滚轮在上圆弧段承受很大的正压力，一般采用耐磨非金属材料制造。

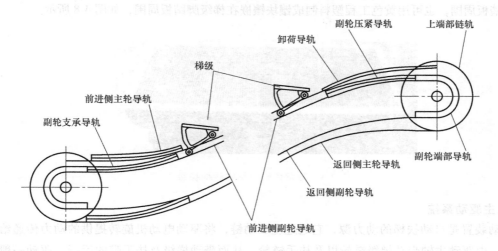

图 4-6 自动扶梯的导轨结构图

3. 梯级

梯级在自动扶梯中是一个很关键的部件，它是特殊结构形式的四轮小车，分别是两只主轮和两只副轮。梯级的主轮轴与梯级链铰接在一起，而副轮不与梯级链铰接。这样梯级运行时才能保持梯级踏板平面始终在扶梯上分支保持水平，而下分支的梯级可以倒挂翻转。

梯级有整体压铸梯级与装配式梯级两类：

（1）整体式梯级

整体式梯级将踏板、踢板、支架于一体整机压铸而成，如图 4-7a 所示。这种梯级的特点是加工制造容易、重量轻、精度高、便于装配和维修。

（2）装配式梯级

装配式梯级是由踏板、踢板、支架、支承板、滚轮、梯级轴等组成，如图 4-7b 所示。这种梯级制造工艺较复杂，装配后的梯级尺寸与形位公差的同一性较差。

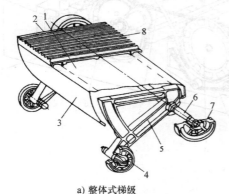

a) 整体式梯级

1—支承板 2—踏板 3—踢板 4—副轮
5—支架 6—轴 7—主轮 8—塑料装饰条

b) 装配式梯级

1—梯级导向块 2—副轮 3—防跳钩

图 4-7 自动扶梯的梯级

这两类梯级既可不带有安全标志线，也可带有安全标志线。黄色安全标志线可用黄漆喷涂在梯级脚踏板周围，也可用黄色工程塑料制成镶块镶嵌在梯级脚踏板周围，如图 4-8 所示。

图 4-8　带黄色安全标志线的梯级

4. 主驱动系统

驱动装置是自动扶梯的动力源，它通过主驱动链，将驱动电动机旋转提供的动力传递给驱动主轴，由驱动主轴带动梯级链轮以及扶手链轮，从而带动梯级及扶手带的运行。驱动一般由电动机、减速器、制动器、传动链条及驱动和回转主轴等组成。按照驱动装置所在位置可分为端部驱动装置、中间驱动装置和分离机房驱动装置三种，这里主要介绍端部驱动装置。

端部驱动装置以牵引链条为牵引件，又称链条式自动扶梯。这种驱动装置安装在自动扶梯的上端部，称作机房。端部驱动装置使用较为普遍，工艺成熟，维修方便，其主要组成部件有驱动主机、制动器、牵引构件等，如图 4-9 所示。

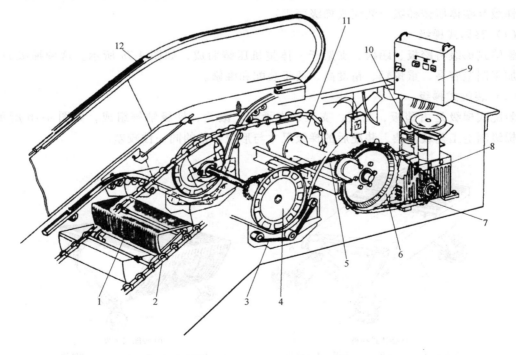

图 4-9　端部驱动一般结构形式

1—梯级　2—梯级链　3—扶手带压紧装置　4—扶手带驱动轮　5—驱动主轴　6—驱动链轮
7—驱动链条　8—主机　9—控制箱　10—制动器　11—梯级链轮　12—扶手带

端部驱动结构形式梯级运行的工作原理为：当驱动装置通电后，制动器松开，电动机转动，通过传送带等带动减速器转动，驱动链轮与减速器涡轮同轴，随涡轮同步转动，并通过驱动链将动力传给梯级链轮，进而带动梯级链运动，与梯级链铰接的梯级随之运行。

（1）驱动主机

端部驱动主机有立式和卧式两种，分别如图4-10a、b所示。

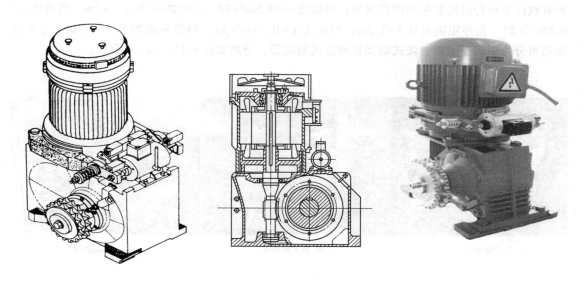

a）立式驱动主机

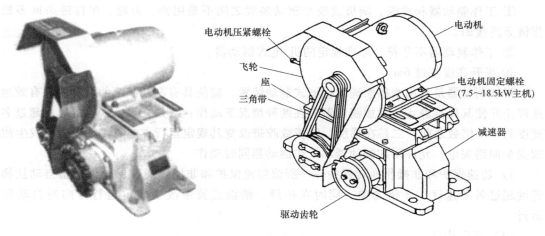

b）卧式驱动主机

图4-10　端部驱动主机

（2）制动器

制动器是自动扶梯减速、停止、超速、逆转、故障、停电等情况下防止意外事故发生的制动装置，它是自动扶梯中不可缺少的重要部件之一。《自动扶梯和自动人行道的制造与安装安全规范》（GB 16899—2011）明确要求，自动扶梯应具有制动系统，它包括：工作制动器、附加制动器、超速保护和非操作逆转保护。

1）工作制动器——其作用是使自动扶梯有一个接近匀减速的制停过程直至停机，并使其保持停止状态。工作制动器应在动力电源或控制电路断电的情况下自动工作。工作制动器一般采用机-电式制动器，它在持续通电的情况下保持正常释放，制动器电路断电后，制动器自动立刻制动。另外，为了保证制动器制动时有个缓冲距离，保证乘客乘坐安全，自动扶梯在空载和有载向下运行时的制停距离应满足：当速度 $v=0.5\text{m/s}$ 时，制停距离为 $0.2\sim1\text{m}$；当速度 $v=0.65\text{m/s}$ 时，制停距离为 $0.3\sim1.3\text{m}$；当速度 $v=0.75\text{m/s}$ 时，制停距离为 $0.4\sim1.5\text{m}$。工作制动器可分为带式制动器、块式制动器和盘式制动器，分别如图 4-11a、b、c 所示。

a) 带式制动器　　　　　　　b) 块式制动器　　　　　　　c) 盘式制动器

图 4-11　工作制动器

2）附加制动器——是指在以下任一情况下自动扶梯设置的一个或多个附加制动装置：

① 工作制动器和梯级、踏板或胶带驱动装置之间不是用轴、齿轮、多排链条或多根单排链条连接的。

② 工作制动器不是符合标准规定的机-电式制动器。

③ 提升高度超过 6m。

附加制动器是利用摩擦原理的机械式制动装置，能使具有制动载荷的自动扶梯有效地减速停止并使其保持静止。附加制动器应在两种情况下动作：一是在自动扶梯的速度超过名义速度的 1.4 倍数之前；二是在梯级、踏板或胶带改变其规定运行方向时。如果电源发生故障或安全回路失电，允许附加制动器和工作制动器同时动作。

3）超速保护和非操作逆转保护——所谓超速保护和非操作逆转保护，是指自动扶梯在速度超过名义速度 1.2 倍之前，同时在梯级、踏板或胶带改变规定运行方向时自动停止运行。

（3）牵引构件

自动扶梯的牵引构件是传递牵引力的构件，主要有牵引链条和牵引齿条两种，分别如图 4-12a、b 所示。

5. 扶手带系统

扶手带是供乘客站立在自动扶梯梯级上手扶之用，在进出扶梯瞬间，扶手带的作用尤为重要，它也是一种装饰性的装置。扶手带系统的基本结构包括驱动系统、扶手带、护壁板、导向装置、压滚轮、扶手带压（张）紧装置、扶手支架等，如图 4-13 所示。

a) 牵引链条(梯级链)

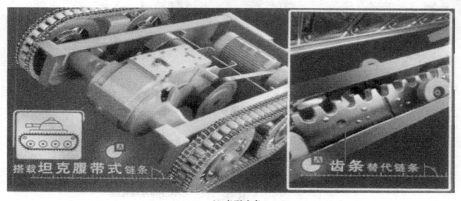

b) 牵引齿条

图 4-12　牵引构件

a) 外部结构

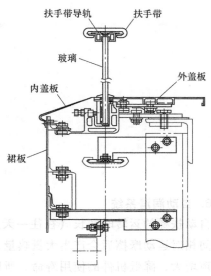

b) 内部结构剖面图

图 4-13　扶手带系统

扶手带的驱动系统一般有两种形式，一种是压滚式驱动，另一种是摩擦轮式驱动，分别如图 4-14a、b 所示。压滚式驱动系统的特点为：系统较复杂，起动时不需要初始张力，直线式传动具有弯曲点数少、运行阻力小、传动效率高的特点；扶手带直线摩擦，交变载荷少，扶手带寿命较长。摩擦轮式驱动系统的特点则是结构紧凑，摩擦包角大，摩擦力大，但是扶手带扭曲角较大，磨损较快，扶手带多次反复扭曲，增大交变载荷，影响使用寿命。

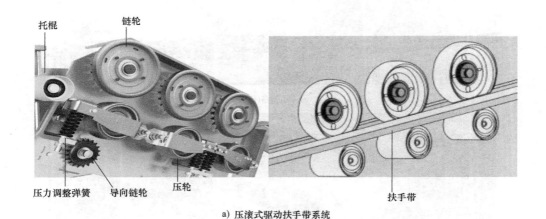

a) 压滚式驱动扶手带系统

b) 摩擦轮式驱动扶手带系统

图 4-14　扶手带的驱动系统

6. 自动润滑系统

自动扶梯的运转时间长（往往一天运行时间超过 12h 以上），其机械零件齿轮-链条经过长时间相对运动摩擦后会产生大量热量，并产生粉尘，如果润滑不足，会造成磨损加快，运行噪声增大，降低机件的使用寿命，所以自动扶梯均配备自动加油润滑系统。自动扶梯需要自动加油润滑的部件主要有：驱动链、梯级链、齿条式牵引装置、扶手带驱动链等。自动润滑系统基本结构示意图如图 4-15 所示。

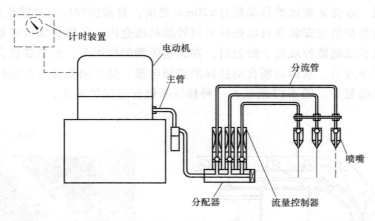

图 4-15 自动润滑系统基本结构示意图

三、自动扶梯的安全保护系统

自动扶梯安全保护系统是在自动扶梯发生异常的时候使扶梯停止运行，保护乘客和设备的安全。自动扶梯安全保护系统示意图如图 4-16 所示。

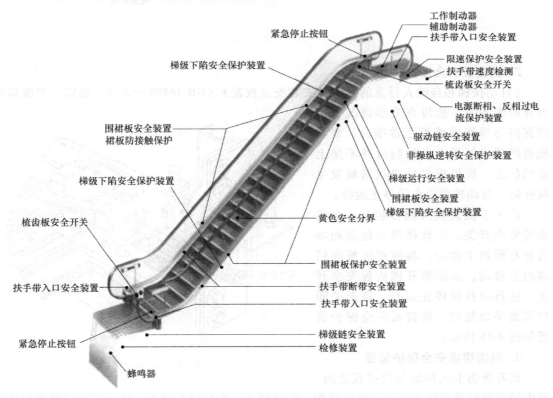

图 4-16 自动扶梯安全保护系统示意图

1. 梯级断链安全保护装置

《自动扶梯和自动人行道的制造与安装安全规范》（GB 16899—2011）规定：梯级链条

应能连续地张紧。在张紧装置的移动超过±20mm 之前，自动扶梯应自动停止运行。

梯级链断链保护装置安装在自动扶梯下回转端站机仓内，每侧梯级链张紧装置中均安装有一个开关。当梯级链断掉或过于松弛时，在张紧弹簧的作用下，张紧装置会往前、后移动而断开梯级链安全开关，从而切断自动扶梯的控制电源，使自动扶梯停止运行。该开关需要在排除故障后手动复位。图 4-17 所示为一种梯级断链安全保护装置。

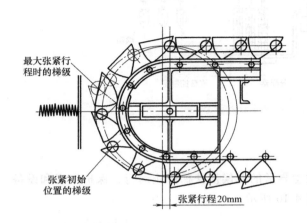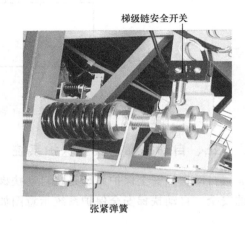

图 4-17　梯级断链安全保护装置

2. 梳齿板安全保护装置

《自动扶梯和自动人行道的制造与安装安全规范》（GB 16899—2011）规定：当梳齿板有异物卡入时，梳齿在变形情况下仍能保持与梯级或踏板正常啮合，或者梳齿断裂，如果卡入异物后并不是上述的状态，梳齿板与梯级或踏板发生碰撞时，自动扶梯应自动停止运行。

在上下梳齿板两侧各装有一个梳齿板安全开关，一旦梯级与梳齿相啮合处有硬物卡住时，将使梳齿板向后或向上移动，从而断开梳齿板安全开关，使自动扶梯停止运行。该开关同样需要手动复位。梳齿板安全保护装置如图 4-18 所示。

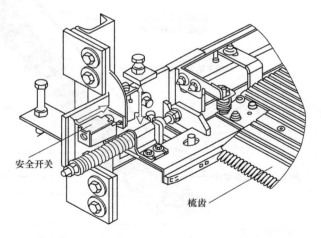

图 4-18　梳齿板安全保护装置

3. 内围裙板安全保护装置

当有异物卡入梯级与内裙板之间，使内裙板受到异常压力时安全开关动作，扶梯停止。在自动扶梯上、中、下圆弧段靠近梳齿板的内围裙板后面装有两对或三对电气安全开关。当内围裙板与梯级间夹有异物时，由于围裙板的变形而断开相应的安全开关，从而使自动扶梯停止运行。当故障排除后，内围裙板弹性变形消失，则电气开关能自动复位。图 4-19 所示为一种的内围裙板安全保护装置。

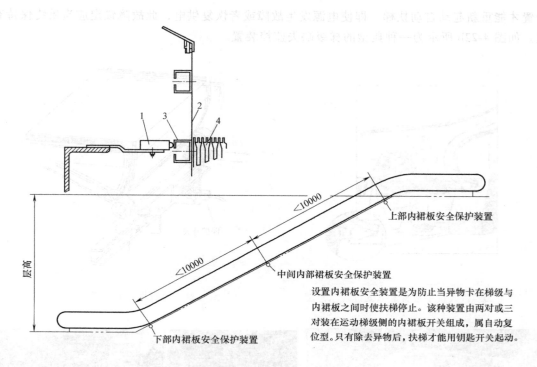

设置内裙板安全装置是为防止当异物卡在梯级与内裙板之间时使扶梯停止。该种装置由两对或三对装在运动梯级侧的内裙板开关组成，属自动复位型。只有除去异物后，扶梯才能用钥匙开关起动。

图 4-19 内围裙板安全保护装置

1—安全开关 2—型材 3—内围裙板 4—梯级图

4. 扶手带出入口保护装置

在扶手转向端的扶手带入口处最容易将乘客的手指拖入，如图 4-20 所示，因此需要在这些部位设置保护装置，该装置动作时，驱动主机应当不能起动或者在运行中立即停机，防止人的手或手指被扶手带带入裙板内而造成伤害。扶手带出入口保护装置安装在自动扶梯的四个扶手端部的扶手带出入口处，该装置中含有安全开关、滑块、推杆等部件。正常时扶手带从环形滑块中穿过，当人的手随扶手带运动至出入口时，手指将会触发滑块，滑块在滑槽内左右运行，同时触发电气开关，切断控制系统，使自动扶梯停止运行。

5. 梯级塌陷安全保护装置

因梯级断裂，梯级主、副轮损坏等原因造成梯级或踏板的任何部分下陷而不能再保证与梳齿板的啮合，梯级下陷安全保护装置使自动扶梯停止运行，从而确保乘客的脚、裤子等不会被梯级与梳齿板之间发生变化的间隙所夹持，避免造成伤害。梯级下陷安全保护装置安装在扶梯倾斜段靠近上、下圆弧曲线段处。当梯级发生下沉时，通过与该装置上的检测杆相碰而断开触点安全开关，从而使自动扶梯停止运行。图 4-21 所示为一种梯级塌陷安全保护装置。

6. 梯级或踏板的缺失保护

自动扶梯应当能够通过装设在驱动站和转向站的装置检测梯级或踏板的缺失，并应使自动扶梯在缺口（由梯级或踏板缺失而导致的）从梳齿板位置出现之前停止运行。梯级缺失带来的危险状态如图 4-22a 所示。

梯级或踏板的缺失保护装置动作后，只有手动复位故障锁定，并操作开关或者检修控制装置才能重新起动自动扶梯。即使电源发生故障或者恢复供电，此故障锁定应当始终保持有效。如图 4-22b 所示为一种典型的梯级缺失监控装置。

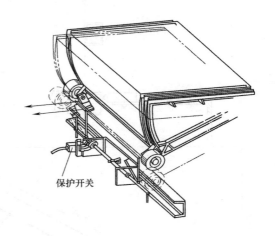

保护开关

图 4-20　进入扶手装置被拖入危险示意图　　　　　图 4-21　梯级塌陷安全保护装置

a) 梯级缺失带来的危险状态　　　　　　　　b) 梯级缺失监控装置

图 4-22　梯级缺失保护装置

7. 超速保护装置

自动扶梯在速度超过名义速度的 1.2 倍之前应自动停止运行。超速常发生在满载下行时，可能会造成乘客在到达下出口后不能及时地离开，而造成人员堆挤的情况，由此可能引发挤压和踩踏事故的发生。该装置动作后，只有手动复位故障锁定，并且操作开关或检修控制装置才能重新起动扶梯和人行道。即使电源发生故障或恢复供电，此故障锁定应当始终保持有效。

8. 非操纵逆转保护

自动扶梯在其梯级、踏板或胶带改变规定运行方向时，应自动停止运行。非操纵逆转通常发生在有载上行时，由于传动机构失效等原因，造成上行动力不足或失去动力，在乘客载荷的作用下，改为向下溜车，乘客在下部出入口快速堆挤，造成相互之间的挤压和踩踏，一旦保护装置失效，将发生事故。该装置的作用就是在发生这种情况时使扶梯自动停止运行。

任务实施

步骤一：实训准备

1）指导教师事先了解、准备组织学生观察自动扶梯的周边环境等，事先做好预案（参观路线、学生分组等）。

2）先由指导教师对操作的安全规范要求做简单介绍。

步骤二：观察电梯结构

学生以 3~6 人为一组，在指导教师的带领下观察自动扶梯（可用 YL-778 型实训自动扶梯，下同），全面、系统地观察自动扶梯的基本结构，认识扶梯的各个系统和主要部件的安装位置以及作用。可由部件名称去确定位置，找出部件，然后将观察情况记录于表4-2中。

表 4-2　自动扶梯部件的功能及位置学习记录表

序号	部件名称	主要功能	安装位置	备注
1				
2				
3				
4				
5				
6				
7				
8				
9				

注意：观察过程要注意安全。

步骤三：实训总结

学生分组，每个人口述所观察的自动扶梯的基本结构和主要部件功能。要求做到能说出部件的主要作用、功能及安装位置；再交换角色，重复进行。

相关链接

YL-778 型自动扶梯维修与保养实训考核装置简介

一、产品概述

YL-778 型自动扶梯维修与保养实训考核装置是 YL-777 型电梯安装、维修与保养实训考核装置的配套设备之一，如图 4-23 所示。该装置是根据自动扶梯的维护和保养教学要求开发的一种实训平台。

整个装置采用金属骨架、曳引装置、驱动装置、扶手驱动装置、梯路导轨、梯级传动链、梯级、梳齿前沿板、电气控制系统、自动润滑系统等部分组成。特别设计的框架，为教师在实训中对学生的教学和指导提供了非常方便的平台。电气控制部分采用默纳克一体机控制系统，曳引机采用立式曳引机驱动，同时配套有相应的故障点设置，学生可以通过故障现象在装置上检测、查找故障点的位置，并将其修复。学生也可以根据自动扶梯定期检查的要求对其相应部位进行检测和修护。通过在该实训装置的实训，使学生能够真正学习和掌握自动扶梯的维保技术及技能。

图 4-23　YL-778 型自动扶梯维修与保养实训考核装置外观图

二、主要技术指标

1）安装尺寸：11300mm×3220mm×（2740+护栏高1000）mm（长×宽×高）。
2）扶梯提升高度：1500mm。
3）倾斜度：35°。
4）梯级宽度：800mm。
5）运行速度：0.45m/s。
6）额定功率：5.5kW。
7）额定电压：AC380V，50Hz。
8）运行噪声：≤63dB。
9）运行形式：单速可上下逆转。

三、可开设的实训项目

本装置可开设的教学实训项目主要有 15 项，见表 4-3。

表 4-3　YL-778 型自动扶梯维修与保养实训考核装置可开设的教学实训项目

序号	实 训 项 目
1	自动扶梯的安全操作与使用实训
2	梯级的拆装操作实训
3	梳齿板的调整实训
4	扶手带的张紧调整实训
5	梯级链的张紧调整实训
6	双排曳引链的调整实训
7	扶手双排链的调整实训
8	制动器的调整实训

（续）

序号	实 训 项 目
9	自动扶梯的日常维护保养实训
10	自动扶梯紧急救援实训
11	自动扶梯安全回路故障诊断与排除实训
12	自动扶梯检修电路故障诊断与排除实训
13	自动扶梯安全监控电路故障诊断与排除实训
14	自动扶梯动力电路故障诊断与排除实训
15	自动扶梯控制电路故障诊断与排除实训

学习任务 4.2　　自动扶梯的安全使用与日常管理

任务目标

核心知识：

1. 熟悉自动扶梯的安全操作规程，了解自动扶梯的安全使用知识。

2. 认识管理扶梯的相关规定。

核心技能：

1. 能够掌握自动扶梯的操作规程，掌握自动扶梯的各种应急预案以及救援方法。

2. 能够掌握自动扶梯的各种安全使用方法和自动扶梯的日常管理。

任务分析

通过本任务的学习，掌握自动扶梯在维保工作中的安全操作规范以及使用时所要注意的事项，养成良好的安全意识和职业素养。

知识准备

一、自动扶梯的安全操作规程

1）必须持证上岗，严禁酒后作业、带病作业、疲劳作业。

2）应着装工作服、工作鞋，戴安全帽，先检查使用的工具是否完好。

3）在自动扶梯上部、下部位置应设置有效三面围蔽护栏，"禁止人员进入"的警告防护栏。另外，如果自动扶梯带有光电传感器，设置的安全栅栏不可遮挡光电的光线束。

4）在施工前应由作业负责人用自动扶梯钥匙确认上、下机房的蜂鸣器及停止开关是否正常。

5）进入机房维修、保养时应先断开主电源，并在主电源开关处明显位置挂上"检修中，严禁合闸"的警告标志。进入自动扶梯桁架内作业前，应先切断电源，并按下机房急停开关。

6）如果是带有光电装置的自动扶梯，进行自动运行以外的检查作业时，应将"自动、手动操作开关"置于"手动"状态。

7）共同作业时必须采用可靠的联络信号、做好应答并大声复述。

8）在桁架内作业时，所带工具及物品应在工作完毕后清点齐全，带出桁架，确认所有工作人员均在桁架外后，自动扶梯方可起动。

9）起动自动扶梯前应先按蜂鸣器，确认自动扶梯上无人后方可起动。

10）自动扶梯钥匙必须指定专人操作。多人拥有自动扶梯钥匙时，作业负责人或其指定的人员在开始作业前，应收集共同作业者的钥匙统一保管。不操作时，必须把自动扶梯钥匙拔出。

11）自动扶梯运行中，应采取不会被活动、旋转的部件夹碰到身体任一部位及所携带物体等的姿势。

12）电动运行的操作者应经常注意确认周围安全，保持可以紧急停止操作的姿势。

13）对于提升高度比较高的自动扶梯，作业负责人应任命监视员，明确指示任务，尤其是在接通电源时，监视员必须确认全部作业员都已经退出到桁架外。

14）在有空梯级的情况下作业的自动扶梯，必须确认作业人员已离开空梯级并退出所有梯级及梳齿板之外，联络复述，响蜂鸣器，作业人员方可以点动方式起动自动扶梯。在确实需要在梯级上一边移动一边进行检查时，检查者必须在空梯级外（因在空梯级下方较易观察及较有稳定性，应站在空梯级下方并扶住扶手带）面向空梯级、面向开梯者、面向运行方向并采取不会滚落的稳定姿势。开梯者必须联络复述，响蜂鸣器，确认检查者的安全的情况下方可以点动方式起动自动扶梯。离开时应断开主电源开关，并盖好机房盖板，设置护栏。

15）禁止单人在自动扶梯开口部位或开口部位周边及桁架内进行单独作业。

16）检修运行时，如果在拆除梯级的状态下运行不可从空梯级上通过。

17）释放制动器时，应使用专用释放工具。

18）保养作业时（除机房内作业外），如果要拆除盖板，只能拆除梳齿板侧的一块盖板。

19）自动运行、检修运行的操作规程。

自动运行是指在有自我保持回路的状态下，连续地电动运行。检修运行是指不能连续运行，只能慢速和点动的电动运行。自动运行与检修运行应遵守以下事项：

① 应确认手动盘车旋柄、制动器释放工具是否已拆除。

② 作业负责人在起动自动扶梯前应确认作业人员及第三者的安全状况。

③ 起动时应先确认周围的安全情况，响蜂鸣器，切实执行联络和大声复述规则之后，才能起动运行。

④ 操作者应密切注意周围的安全情况，应保持随时可以紧急停止自动扶梯运行的姿势。

⑤ 有人在桁架内作业时，禁止检修运行及自动运行。

⑥ 自动扶梯有开口部位（机房未盖盖板或有空梯级）的情况下严禁自动运行。

20）准备维修作业时，应转换成检修状态；检修运行时，应遵守下述事项。

① 运行开始时的注意事项：

a. 上、下部的机房内应没有作业人员。

b. 梯级、梳齿板上应没有作业人员（可以仅有操作者在梳齿板上）。

c. 确认桁架内没有作业人员。

d. 确认核准作业人员的人数并确认其全部处于安全状态。

e. 开始运行时，应先进行点动运行（点上或点下）。

f. 运行过程中调查异常声音时，应注意活动部位，充分准备好紧急停止姿势之后再进行。

② 机房作业。出入机房以及进行作业时，应遵守以下规则：

a. 打开机房盖前，应先停止自动扶梯运行，打开或关闭盖板时应使用规定的工具（T字形手柄），取起盖板时，应蹲下腰，以站稳姿势进行。但应注意防止夹到手指头或脚指头。进入机房时，应断开安全开关及主电源开关，将运行转换刀开关打到检修状态。

b. 切断主电源时，应挂上"严禁合闸"的标志牌。

c. 合上主电源前，应先确认桁架内是否有人。

d. 操纵箱或控制柜的检查与桁架内作业不应同时进行；不应在自动扶梯上部、下部的机房内进行同时作业。

③ 梳齿板周围的作业人员在进行作业时，应遵守以下规则：

a. 在楼面上进行检查、调整时，应注意开口部位，保持身体平稳，防止跌倒、坠落。

b. 搬运梯级等重物时，应装上盖板，封闭开口部防止滚落机房。但在必须拆开盖板进行作业时，应保留一块前面或后面的盖板不许拆开。

c. 拆除的盖板不可重叠放置。

④ 拆装梯级作业。在拆、装梯级时，应遵守以下规则：

a. 释放制动器，应使用专用的释放工具进行。

b. 拆卸梯级应使用相应的工具。

c. 拿出梯级时，注意不要让手夹在梯级与桁架之间。

d. 搬运梯级时应先确认开口部及周围的路径状况。

e. 拆下的梯级放置不会妨碍第三者通行且又不会妨碍作业的地方，将梯级摆放在干净、平整的地面上，不要重叠四层以上堆放。

⑤ 桁架内作业。出入桁架内以及在桁架内作业时，应遵守以下规则：

a. 在桁架内作业，作业前作业负责人应收集并统一保管所有作业人员的电梯钥匙，作业完毕后须核准作业者人数，确认作业人员及所带工具、物品不在桁架内。

b. 作业负责人确认主电源和安全开关已经切断后方可开始作业。如果是带有光电传感器的自动扶梯，还应确认是否存在遮挡光电传感器光线的物体。

c. 手动释放制动器的情况下，应切断主电源和安全开关，作业人员保持可随时停止制动器的姿势，并切实执行联络复述规则确认安全状态。

d. 作业者站到梯级上一边移动，一边检查时，根据作业人员的联络信号，进行点动运行。作业人员手握扶手带移动时，人的头、手、脚不许伸向空梯级部位。

⑥ 盖板、围裙板或护壁板的拆卸、安装作业应遵守以下规则：

a. 作业负责人确认主电源和安全开关已经切断后方可开始作业。

b. 围裙板或护壁板等作业时，作业人员应先充分做好不会被夹住手脚的姿势后再进行。

c. 搬运围裙板或护壁板等时，应戴手套，防止手被毛刺割伤，并须确认开口部位及周围路径的状况，整齐地摆放在不会妨碍作业及第三者通行的地方。

d. 不要在盖板及梯级上放置工具、部件、小螺钉、护壁板等。

e. 检查扶手带的驱动轮、张紧轮等旋转物体或滑轮内外侧时，不许将身体的任一部位伸入轮轴内。

二、自动扶梯应急救援操作规程预案

1. 适用范围
自动扶梯的紧急操作。

2. 注意事项
1）应急救援小组成员应持有特种设备主管部门颁发的《特种设备作业人员证》。

2）救援人员应在两人以上。

3）在救援的同时要保证自身安全。

3. 应急救援的设备与工具
开启上（下）机房盖板专用工具、常用五金工具、检修运行控制盒、万用电表、扳手、铁锤、撬杠等。

4. 操作程序
1）切断自动扶梯主电源。

2）确认自动扶梯全行程之内没有无关人员或其他杂物。

3）确认在扶梯上（下）入口处已有维修人员进行监护，并设置了安全警示牌。严禁其他人员上（下）自动扶梯。

4）确认救援行动需要自动扶梯运行的方向。

5）打开上（下）机房盖板，放到安全处。

6）装好盘车手轮（固定盘车轮除外）。

7）一名维修人员将抱闸打开，另外一人将扶梯盘车轮上的盘车运动方向标志与救援行动需要电梯运行的方向进行对照，缓慢转动盘车手轮，使扶梯向救援行动需要的方向运行，直到满足救援需要或决定放弃手动操作扶梯运行方法。

8）关闭抱闸装置。

9）填写《应急救援记录》并报告、存档。

三、自动扶梯部件故障的应急救援方法

1. 适用范围
自动扶梯部件故障（如梯级断裂、梯级链断裂、制动器失灵等）。

2. 注意事项
1）应急救援小组成员应持有特种设备主管部门颁发的《特种设备作业人员证》。

2）救援人员应在两人以上。

3）在救援的同时要保证自身安全。

3. 应急救援的设备与工具
盘车轮或盘车装置、开闸扳手、常用五金工具、照明器材、通信设备、单位内部应急组织通讯录、安全防护用具、手砂轮/切割设备、撬杠、警示牌等。

4. 操作程序
按下"急停按钮"或切断电梯总电源，在扶梯上下端站设置警示牌，对受伤人员采取

必要的扶助和保护措施。

5. 梯级发生断裂

1）确定盘车方向，在确保盘车过程中不会加重或增加伤害的情况下，可通过反方向盘车方法救援。

2）切断自动扶梯主电源。

3）确认自动扶梯全行程之内没有无关人员或其他杂物。

4）确认在扶梯上（下）入口处已有维修人员进行监护，并设置了安全警示牌。严禁其他人员上（下）自动扶梯。

5）确认救援行动需要自动扶梯运行的方向。

6）打开上（下）机房盖板，放到安全处。

7）装好盘车手轮（固定盘车轮除外）。

8）一名维修人员将抱闸打开，另外一人将扶梯盘车轮上的盘车运动方向标志与救援行动需要电梯运行的方向进行对照，缓慢转动盘车手轮，使扶梯向救援行动需要的方向运行，直到满足救援需要或决定放弃手动操作扶梯运行方法。

9）关闭抱闸装置。

10）如上述方法无法进行应参照下列方法进行救援。

① 可对梯级和桁架进行拆除或切割作业，完成救援活动。

② 请求支援：当上述救援方法不能完成救援活动时，应报告并请求支援。

11）填写《应急救援记录》并报告、存档。

6. 驱动链断链

1）确定盘车方向，在确保盘车过程中不会加重或增加伤害的情况下，可通过反方向盘车方法救援。

2）切断自动扶梯主电源。

3）确认自动扶梯全行程之内没有无关人员或其他杂物。

4）确认在扶梯上（下）入口处已有维修人员进行监护，并设置了安全警示牌。严禁其他人员上（下）自动扶梯。

5）确认救援行动需要自动扶梯运行的方向。

6）打开上（下）机房盖板，放到安全处。

7）装好盘车手轮（固定盘车轮除外）。

8）一名维修人员将抱闸打开，另外一人将扶梯盘车轮上的盘车运动方向标志与救援行动需要电梯运行的方向进行对照，缓慢转动盘车手轮，使扶梯向救援行动需要的方向运行，直到满足救援需要或决定放弃手动操作扶梯运行方法。

9）关闭抱闸装置。

10）如上述方法无法进行应参照下列方法进行救援：

① 可对梯级和桁架进行拆除或切割作业，完成救援活动。

② 请求支援：当上述救援方法不能完成救援活动时，应报告并请求支援。

11）填写《应急救援记录》并报告、存档。

7. 制动器失灵

在正常运行时不会发生人员伤亡事故，如果在正常运行时出现停电、急停回路断开等情况，则可能会造成制动器失灵，出现扶梯及扶梯向下滑车的现象，人多时甚至会发生人员挤压事故，此时应立即封锁上端站，防止人员再次进入自动扶梯，并立即疏导底端站的乘梯人员。

四、自动扶梯发生夹持事故的应急救援方法

1. 适用范围

自动扶梯的部件（如梯级与裙板、扶手带、梳齿板等）发生夹持事故时。

2. 注意事项

1）应急救援小组成员应持有特种设备主管部门颁发的《特种设备作业人员证》。

2）救援人员应在两人以上。

3）在救援的同时要保证自身安全。

3. 应急救援的设备与工具

盘车轮或盘车装置、开闸扳手、常用五金工具、照明器材、通信设备、单位内部应急组织通讯录、安全防护用具、手砂轮/切割设备、撬杠、警示牌等。

4. 操作程序

1）按下"急停按钮"或切断电梯总电源，在扶梯上下端站设置警示牌，对受伤人员进行必要的扶助。

2）若确认有乘客受伤或有可能有乘客会受伤等情况，则应立即同时通报120急救中心，以使急救中心做出相应行动。

5. 梯级与围裙板发生夹持事故

1）如果围裙板开关（安全装置）起作用：可通过反方向盘车方法救援。

2）切断自动扶梯主电源。

3）确认自动扶梯全行程之内没有无关人员或其他杂物。

4）确认在扶梯上（下）入口处已有维修人员进行监护，并设置了安全警示牌。严禁其他人员上（下）自动扶梯。

5）确认救援行动需要自动扶梯运行的方向。

6）打开上（下）机房盖板，放到安全处。

7）装好盘车手轮（固定盘车轮除外）。

8）一名维修人员将抱闸打开，另外一人将扶梯盘车轮上的盘车运动方向标志与救援行动需要电梯运行的方向进行对照，缓慢转动盘车手轮，使扶梯向救援行动需要的方向运行，直到满足救援需要或决定放弃手动操作扶梯运行方法。

9）关闭抱闸装置。

10）如上述方法无法进行应参照下列方法进行救援：

① 如果围裙板开关（安全装置）不起作用，应以最快的速度对内侧盖板、围裙板进行拆除或切割，救出受困人员。

② 请求支援：当上述救援方法不能完成救援活动时，应报告并请求支援。

11）填写《应急救援记录》并报告、存档。

6. 扶手带发生夹持事故

1）若扶手带入口处夹持乘客，可拆掉扶手带入口保护装置，即可放出夹持乘客。

2）若扶手带夹伤乘客，可用工具撬开扶手带放出受伤乘客。

3）对夹持乘客的部件进行拆除或切割，救出受困人员。

4）请求支援：当上述救援方法不能完成救援活动时，应报告并请求支援。

7. 梳齿板发生夹持事故

1）拆除梳齿板或通过反方向盘车方法救援。

2）切断自动扶梯主电源。

3）确认自动扶梯全行程之内没有无关人员或其他杂物。

4）确认在扶梯上（下）入口处已有维修人员进行监护，并设置了安全警示牌。严禁其他人员上（下）自动扶梯。

5）确认救援行动需要自动扶梯运行的方向。

6）打开上（下）机房盖板，放到安全处。

7）装好盘车手轮（固定盘车轮除外）。

8）一名维修人员将抱闸打开，另外一人将扶梯盘车轮上的盘车运动方向标志与救援行动需要电梯运行的方向进行对照，缓慢转动盘车手轮，使扶梯向救援行动需要的方向运行，直到满足救援需要或决定放弃手动操作扶梯运行方法。

9）关闭抱闸装置。

10）如上述方法无法进行应参照下列方法进行救援：

① 对梳齿板、楼层板进行拆除或切割，完成救援工作。

② 请求支援：当上述救援方法不能完成救援活动时，应报告并请求支援。

11）填写《应急救援记录》并报告、存档。

五、自动扶梯的使用知识

为了使自动扶梯能够安全可靠地运行，保护自动扶梯使用者的人身安全及延长自动扶梯的使用寿命，使用单位应当加强对电梯的安全管理，严格执行特种设备安全技术规范的规定。

1. 自动扶梯管理员职责

1）自动扶梯管理员必须经过培训合格后方能上岗。

2）进行电梯运行的日常巡视，记录电梯日常使用状况。

3）制订和落实电梯的定期检验计划。

4）检查自动扶梯安全注意事项和警示标志，确保齐全、清晰。

5）妥善保管自动扶梯钥匙及其安全提示牌。

2. 自动扶梯安全操作规范

1）自动扶梯必须由经过培训的人员操作，且必须是在空载时起动或停机。

2）自动扶梯运行前应确认梯级上无人站立及周围安全，操作人员当发现紧急情况时可以立即按急停按钮。

3）钥匙必须指定专人保管，其他人不得携带钥匙。不操作时，必须把钥匙拔出。

4）用钥匙开关起动扶梯时，若扶梯不能运行，则应检查一下电源总开关是否合上，以及控制箱上的主开关和维修控制开关等是否合上，若此时还不能起动，则有必要检查一下安全回路是否被断开。

5）起动、停止自动扶梯前先围闭上/下出入口；起动前应先按蜂鸣器，确认扶梯上无人，且整个踏板上没有异物存在，方可起动。

6）在需要改变自动扶梯的运行方向时，必须在扶梯踏板上无乘客且完全停止后，才能进行改变运行方向的操作。

3. 在使用自动扶梯注意事项

1）自动扶梯是一种主要用于地铁、医院、购物中心和机场等的客运工具，不能作为普通楼梯或紧急出口使用（因为扶梯梯级的垂直高度比日常楼梯要高得多，有可能因不适应而造成跌落或者被绊倒）。

2）禁止在相邻扶手装置之间或扶手装置和邻近的建筑结构之间放置货物。

3）防止在自动扶梯附近可能导致误用的布置。

4）保持畅通区域不被占用。

5）对于室外使用的自动扶梯，建议提供顶棚或围封。

6）在发生火灾、地震或水淹时，不要使用自动扶梯，应尽快通过其他安全出口撤离。

7）每台扶梯的上部和下部都各有一个紧急停止按钮，一旦发生意外，靠近按钮的乘客应第一时间按下按钮，扶梯就会自动停下；如果有乘客摔倒或被夹住，应该马上呼叫位于梯级出入口处的乘客或者值班人员立即按动红色紧急制动按钮，使自动扶梯或自动人行道停止运行，以防更大的伤害发生。

8）在正常情况下，不能按动紧急制动按钮，严禁恶作剧，以免乘客因毫无防备发生事故。一旦发生倒转时，应注意：

① 保护好脑部。两手十指交叉相扣、护住后脑和颈部，两肘向前，护住双侧太阳穴。

② 保护好胸部。不慎倒地时，双膝尽量前屈，护住胸腔和腹腔的重要脏器，侧躺在地。

9）安全标志的设计应符合 GB/T 2893.1—2013 和 GB/T 2893.3—2010 的规定，标志的最小直径为 80mm。

4. 乘坐自动扶梯（自动人行道）须知

1）乘坐自动扶梯时，乘客应面朝扶梯的运行方向靠右侧站立，手握住扶梯右侧的扶手，让出左边的通道，如图 4-24a 所示。

a)   b)

图 4-24　正确乘坐自动扶梯

2）儿童及老人必须有其他成年人陪乘，如图4-24b所示；倘若大人抱（背）小孩，注意不能超过2.3m标高（或专门标识高度）。

3）乘坐自动扶梯时，脚应站在梯级踏板四周黄线以内，防止松散、拖曳的长裙、裤脚边、包带等物被梯级边缘、梳齿板等挂住或拖曳，如图4-25a所示。

4）不要让小孩在扶梯上玩耍，如图4-25b所示。

a) 不要站立太靠近梯级侧边，以免鞋边碰到裙板

b) 不要在扶梯乘降处玩耍

c) 不要把大件重物放到梯级上

d) 不要将尖锐物（如雨伞尖端）放到梯级上

图4-25 不正确的乘坐方式

5）不允许在自动扶梯上使用购物车和行李车，如果在自动扶梯的周围可以使用购物车和（或）行李车，应设置适当的障碍物和警示标志阻止其进入自动扶梯。

6）不可推婴儿车直接上自动扶梯，一定要收好婴儿车，抱住婴儿才可上自动扶梯。

7）乘坐自动扶梯时，头和手不要伸出扶梯，防止在扶梯运行过程中被旁边的障碍物碰伤。

8）不要在自动扶梯上用手推车运送货物，不要把重物、大件物体放到梯级上，如图4-25c所示。

9）不要将尖锐物（如雨伞尖端）放到梯级上顶住梳齿，如图4-25d所示。

10）乘坐扶梯时，严禁将小孩、行李放在扶手带上，严禁攀爬扶手装置。

11）赤脚者不准使用自动扶梯。也不要蹲坐在梯级踏板上，如果梳齿板有梳齿缺损、变形时，蹲坐容易使臀部受到严重伤害。

12）在自动扶梯的入口处要遵守秩序，不要推挤。切勿在自动扶梯出入口停留。

13）在自动扶梯上不能将头部、四肢伸出扶手装置以外，以免受到障碍物、顶棚、相邻的自动扶梯的撞击。

14）注意观察自动扶梯行进的方向，禁止在自动扶梯上逆向行走。在踏上踏板和离开踏板时应注意安全。

六、自动扶梯的管理知识

1. 落实管理部门及管理人员

为了做好自动扶梯与自动人行道的管理工作，拥有自动扶梯与自动人行道的单位应落实好管理部门及人员，为设备建立好档案并保管好档案，有条件的且使用数量较多的单位若欲自行维护保养，其维修保养人员必须经过培训考核，并取得地（市）级质量技术监督部门颁发的资格证书。维护保养人员应做好记录工作，使用单位应委托有资格的维修保养单位进行日常维保工作。自动扶梯与自动人行道的使用管理工作要制定以岗位责任制为核心，包括技术档案管理、安全操作、常规检查、维修保养、定期报检和应急措施等在内的设备安全使用和运营的管理制度，并严格执行。

2. 加强自动扶梯管理的措施

（1）建立健全完善的管理制度

自动扶梯之所以能够安全运行，必须依赖于健全完善可行的管理制度。而自动扶梯停运及发生安全事故的根本原因，就在于缺乏完善的管理制度。其中，维修人员岗位责任制，维修、保养交接班制度，日常维修保养制度，维修人员安全操作规程等都是建立相关制度时主要考虑的内容。自动扶梯维修人员的义务在于必须严格履行岗位责任制，遵守安全操作规程。值班人员要将自动扶梯运行情况、设备发生的故障及处理过程详细填写在交接班记录本上，一目了然的电梯运行情况有助于接班的维修人员迅速掌握，及时做出反应。

1）新安装自动扶梯与自动人行道的使用单位必须持特种设备检验机构出具的验收检验报告和安全检验合格标记，到所在地区的地、市级以上特种设备安全监察机构注册登记，将安全检验合格标志固定在特种设备显著位置上后，方可投入正式使用。

2）使用单位必须按期向自动扶梯与自动人行道所在地的特种设备检验机构申请定期检验，及时更换安全检验合格标志中的有关内容。自动扶梯与自动人行道的定期检验周期为一年，安全检验合格标志超过有效期的自动扶梯与自动人行道不得使用。

3）自动扶梯与自动人行道的维保人员应持有特种设备作业人员资格证书才能上岗。

4）自动扶梯与自动人行道的维保单位应有相应的资格证书。

5）自动扶梯与自动人行道的起动钥匙应由专人保管。

6）自动扶梯与自动人行道正常运行时应有专人巡查。

7）每次检查、保养、修理后应进行记录。

8）自动扶梯与自动人行道应有起动及关停管理制度。

9）使用单位应制定发生事故采取紧急救援措施的细则。

10）应制定自动扶梯与自动人行道的检查维修制度。

（2）建立自动扶梯与自动人行道的管理档案

1）将自动扶梯出厂时带来的所有技术文件和图样进行编号并归档，妥善保管的同时还应便于查阅。在这些资料中，自动扶梯与自动人行道的使用维护说明书、电气控制原理图以及电气接线图应该放在醒目位置，以便日常维护保养随时查阅。

2）每年特种设备检验机构对自动扶梯与自动人行道的检验报告书、每次维修记录以及发生事故记录也应相应建立档案。

（3）加强自动扶梯维护保养监督管理工作

自2014年1月1日起施行的《特种设备法》对电梯维保单位和维保人员进行了严格的要求，要求电梯维护保养必须由电梯制造单位或者依照《特种设备法》取得许可的安装、改造、修理单位进行；承担维护保养的作业人员必须经过专业培训、取得作业人员资格；维护保养过程应当严格执行安全技术规范要求，并落实现场防护措施，保证施工安全。质监部门应定期或不定期深入开展自动扶梯质量安全风险排查整治工作，对排查中发现的问题，要责令相关单位立即落实整改措施，整改不到位的，要依法予以强制停用，对违法违规行为要依法予以严厉查处，切实保障扶梯安全运行，防止意外事故发生。

（4）提高自动扶梯维修人员素质

1）自动扶梯操作人员和维修人员的综合素质决定了其管理水平。端正的工作态度以及高度的责任心是自动扶梯维修人员应具备的基本素质。作为合格的维修人员，对于扶梯基本的机械构造、电气工作原理及其修理技能、安装工艺、相关性能以及维护方式、扶梯维护规程和安全操作规程都要足够了解并严格遵守。能迅速、准确地判断并排除故障，缩短停梯时间，使扶梯迅速投入正常工作。

2）使用单位要建立健全严格的人员管理制度，明细责任分配。相关技术及管理人员要密切协同，各尽其职。另外，对于技术人员的把关，应严格遵守执证上岗制度，有条件的要定期举行培训考核，强化检修人员专业素质，严把技术人员质量关。值得一提的是，健全事故发生应急预案的意义也十分重大，建立完善预案能够有效定位围困人员并保障人员安全，达到时间最短、损失最少的要求。

任务实施

步骤一：学习准备

1）设置安全防护栏及安全警示标志。

2）检查学生穿戴的安全防护用品，包括长袖工作服、工作帽、安全鞋。

3）由指导教师对自动扶梯的安全操作规程进行讲解。

步骤二：学习安全操作规程

1）由指导教师讲解自动扶梯的安全操作规程（可辅以多媒体教学资源）。

2）学生分组讨论：可每个人口述自动扶梯安全操作规程的要点；再交换角色，重复进行。

步骤三：演练自动扶梯部件故障的应急救援

1）学生分组，在教师指导下模拟演练自动扶梯某个部件发生故障时的应急救援过程。

2）演练后分组讨论，每个人口述自动扶梯部件故障应急救援工作的主要任务、工作过程、基本要求与要点；再交换角色，重复进行。

步骤四：演练自动扶梯发生夹持事故的应急救援

1）学生分组，在教师指导下模拟演练自动扶梯某个部位发生夹持事故时的应急救援过程。

2）演练后分组讨论，每个人口述自动扶梯发生夹持事故应急救援工作的主要任务、工作过程、基本要求与要点；再交换角色，重复进行。

步骤五：自动扶梯安全操作

1）起动自动扶梯的操作步骤和注意事项记录于表 4-4 中。

表 4-4　起动自动扶梯操作步骤记录表

序号	操作步骤	注意事项
1		
2		
3		
4		
5		
6		

2）停止自动扶梯的操作步骤和注意事项记录于表 4-5 中。

表 4-5　停止自动扶梯操作步骤记录表

序号	操作步骤	注意事项
1		
2		
3		
4		
5		
6		

3）改变自动扶梯运行方向的操作步骤和注意事项记录于表 4-6 中。

表 4-6　改变自动扶梯运行方向操作步骤记录表

序号	操作步骤	注意事项
1		
2		
3		
4		
5		
6		

步骤六：总结和讨论

1）学生分组讨论自动扶梯安全操作的结果与记录，口述所观察到的自动扶梯的操作方法。

2）再互相提问，反复进行。

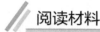 阅读材料

自动扶梯不同于垂直升降电梯，其大部分安装在地铁、机场、大型医院及购物中心等人流集中之处，这也使得媒体和公众对于其安全性的关注较垂直升降电梯更高。一旦发生事故，前者媒体曝光率远大于后者。虽然自动扶梯事故死亡率较电梯低，但由此对伤者产生的身体伤害以及心理阴影是巨大的，在社会上的不良影响也是非常严重的。以发达城市为例，自动扶梯事故频发，尤其是 2010 年和 2011 年在深圳、北京地铁内分别发生的两次自动扶梯逆转事故，一时间引发了社会各方面的热烈讨论，引起了全社会的极大关注。至于事故发生原因，通过对这些年来自动扶梯事故统计数据可以得知，导致自动扶梯事故率高主要是因为乘客使用不当，常表现为乘客的自身疏忽和非故意的误操作。这类原因导致的意外大约占事故总数的 92%。以广州地铁二号线"广州火车站"换乘五号线的自动扶梯停运事件为例，并不是扶梯电力问题或其他设备及管理问题，而是一名约 7 岁男孩按下紧急按钮而引发的。通过现场监控录像回放发现，该男童引发扶梯停运后，工作人员迅速安抚住乘客，有效避免了踩踏事故的发生。因此，加强自动扶梯的管理十分重要，从下面两个事故案例也可以看出加强自动扶梯管理的必要性。

事故案例分析（五）

1. 事故经过

2005 年某月某日晚，11 岁的斌斌（化名）随母亲到书城购书。当母亲在 3 楼购书时，斌斌独自在自动扶梯上玩耍，当从 3 楼上 4 楼时，突然意外地从扶梯上翻出直坠至 1 楼而死亡。

2. 事故原因分析

1）家长没有对儿童起监护作用，让小孩独自在自动扶梯上玩耍；小孩在乘坐自动扶梯时身体伸出梯外造成坠落。

2）设备有安全隐患：该书城的每个楼层与自动扶梯之间均有 2m 宽的空隙，从 1 楼直通 4 楼，且扶手两侧没有任何防护装置。斌斌正是从这个空隙中从 3 楼直坠至 1 楼而死亡的。

事故案例分析（六）

1. 事故经过

2005 年某月某日，某购物商场由于大量人员为抢购廉价商品而涌入由 1 楼上 2 楼的扶梯上，使向上运行的扶梯突然逆转向下运行，造成大量乘客在下出入口挤压，有 14 人被送往医院，其中 1 名 38 岁的妇女因胸椎骨折而高位截瘫。

2. 事故原因分析

1）直接的原因是扶梯严重超载运行，其动力不能满足负载的制动力矩而发生逆转，制动器也无法停止运行而导致溜车。

2）商场的管理者没有履行管理职责采取有效措施防止扶梯超载。

学习任务4.3　　自动扶梯的维护与保养

任务目标

核心知识：

了解自动扶梯日常维护保养的内容和要求。

核心技能：

学会对自动扶梯进行维护保养。

任务分析

通过学习本任务，对自动扶梯的使用与维护有总体的认识，初步学会对自动扶梯进行管理和维护保养。

知识准备

自动扶梯的维护保养

日常维护保养是指对自动扶梯进行的清洁、润滑、调整、更换易损件和检查等日常维护和保养性工作。

1. 维保单位职责

维保单位对其维保自动扶梯的安全性能负责。对新承担维保的自动扶梯是否符合安全技术规范要求应当进行确认，维保后的自动扶梯应当符合相应的安全技术规范，并且处于正常的运行状态。维保单位应当履行下列职责：

1）按照有关安全技术规范以及自动扶梯产品安装使用维护说明书的要求，制定维保方案，确保其维保自动扶梯的安全性能。

2）制定应急措施和救援预案，每半年至少针对本单位维保的不同类别（类型）自动扶梯进行一次应急演练。

3）设立24h维保值班电话，保证接到故障通知后及时予以排除。

4）对自动扶梯发生的故障等情况及时进行详细的记录。

5）建立每部自动扶梯的维保记录，并且归入自动扶梯技术档案，档案至少保存4年。

6）协助使用单位制定自动扶梯的安全管理制度和应急救援预案。

7）对承担维保的作业人员进行安全教育与培训，按照特种设备作业人员考核要求，组织取得具有自动扶梯维修项目的《特种设备作业人员证》，培训和考核记录存档备查。

8）安排维保人员配合特种设备检验、检测机构进行自动扶梯的定期检验。

9）在维保过程中，如发现事故隐患应及时告知电梯使用单位；如发现严重事故隐患，则应及时向当地质量技术监督部门报告。

2. 维保人员安全注意事项

为了保障自动扶梯维保人员在作业过程中的人身安全，要求维保人员在作业过程中遵循安全作业规程，具体要求如下：

1）严禁酒后作业、带病作业、疲劳作业。

2）在扶梯上/下出入口应设置"电梯维修中，禁止进入"的警告防护栏。

3）应按规范要求穿着工装，要用的工具先检查是否有损坏。

4）在施工前用扶梯钥匙确认上/下出入口的蜂鸣器和急修停机功能是否正常。

5）进入机室维修、保养时应先断开电源，并在总电源闸刀处明显位置挂上"检修中，严禁合闸"的警告标志。进入扶梯桁架内作业前，应先切断电源。

6）共同作业时的联络信号应大声复述。

7）在桁架内工作时，所带工具及物品应在工作完毕后，清点齐全，带出桁架，确认所有工作人员均在桁架外后，扶梯方可起动。

8）起动扶梯前应先按蜂鸣器，确认扶梯上无人后方可起动。

9）扶梯钥匙必须专人操作，其他人不得携带扶梯钥匙。不操作时，必须把扶梯钥匙拔出。

10）当扶梯在运行时，应采取不会被活动部位夹住身体、手足、物体的姿势；并经常确认周围安全，保持可以紧急停止的姿势。

11）对提升高度比较高的扶梯，作业负责人应任命监视员，明确指示任务，尤其是在接入电源时，监视员必须确认全部作业员都已经出到桁架外。

12）在拆除梯级时，必须切断电源，用手动盘车进行。拆开梯级后，需中断作业离开作业场所时，应断开主电源；同时，应移动已拆开梯级的开口位置至返回侧，并盖好机房盖板。

3. 自动扶梯日常维护保养内容和要求

自动扶梯的维保分为半月、季度、半年、年度维保，其维保的基本项目（内容）和达到的要求应符合 TSG T5002—2017《电梯维护保养规则》（见附录）的规定。维保单位按照安装使用维护说明书的规定，并且根据所保养自动扶梯使用的特点，制订合理的维保计划与方案，对自动扶梯进行清洁、润滑、检查、调整，更换不符合要求的易损件，使自动扶梯达到安全要求，保证自动扶梯能够正常运行。具体日常维护保养内容和要求见附表 D-1～附表 D-4。

4. 自动扶梯的日常维护保养工作

自动扶梯的日常维护保养工作应注意以下几点：

1）在运行开始前，进行试运转，确认无异常情况后再投入正常使用；在停止运行前，也应注意检查有无异常情况，并检查有无异物掉入扶梯内，检查完毕后才能关机离开。

2）每天应做常规的检查和清洁工作。应经常清扫梯级踏板，因为一旦有异物塞住，会容易损坏梳齿和梯级，应经常清扫机房（在前沿板下）。

3）梳齿是自动扶梯安全运行的基本部件，应注意检查，一旦发现损坏应及时修理。如果损坏后不及时修理是会造成危险的。

4）应确认操纵箱的按钮动作正常。

5）在对自动扶梯的各个部件进行清洁和维护保养时，应严禁烟火。

任务实施

步骤一：观察自动扶梯的维保工作

学生分组在指导教师的带领下跟班观察自动扶梯的维保工作，然后将观察情况记录于表4-7 中。

表 4-7 自动扶梯维保学习记录表

序号	维保任务	主要工作与要求	学习记录
1			
2			
3			
4			
5			
6			
7			
8			

注：如有条件可适当参与或协助维保工作。

步骤二：实训总结

学生分组，每个人口述跟班观察自动扶梯维保工作的主要任务、工作过程、基本要求与要点；再交换角色，重复进行。

评价反馈

（一）自我评价（40分）

首先由学生根据学习任务完成情况进行自我评价，评分值记录于表 4-8 中（第 3、4 项按照各学习任务进行评价）。

表 4-8 自我评价表

学习任务	学习内容	配分	评分标准	扣分	得分
学习任务 4.1	1. 安全意识	10	1. 不遵守安全规范操作要求（酌情扣 2~5 分） 2. 有其他的违反安全操作规范的行为（扣 2 分）		
	2. 职业规范和环境保护	10	1. 在工作过程中工具和器材摆放凌乱（扣 3 分） 2. 不爱护设备、工具，不节省材料（扣 3 分） 3. 在工作完成后不清理现场，在工作中产生的废弃物不按规定处置（各扣 2 分，若将废弃物遗弃在井道内的可扣 3 分）		
	3. 熟悉自动扶梯主要部件和作用	40	1. 没有找到指定的部件（一个扣 5 分） 2. 不能说明部件的作用（一个扣 5 分）		
	4. 观察记录	40	表 4-2 记录完整，有缺漏可一个扣 3~5 分		
学习任务 4.2	1. 对自动扶梯安全操作规程的学习理解	40	根据对自动扶梯安全操作的学习与理解给分		
	2. 结果记录	40	根据表 4-4、表 4-5、表 4-6 的记录是否正确和详细给分		
学习任务 4.3	1. 对自动扶梯日常维护保养的学习理解	40	根据对自动扶梯安全操作的学习与理解给分		
	2. 结果记录	40	根据表 4-7 的记录是否正确和详细给分		

总评分 =（1~4 项总分）×40%

签名：_____ _____年____月____日

（二）小组评价（30分）

再由同一实训小组的同学结合自评的情况进行互评，将评分值记录于表4-9中。

表4-9 小组评价表

评价内容	配分	评分
1. 实训记录与自我评价情况	30分	
2. 相互帮助与协作能力	30分	
3. 安全、质量意识与责任心	40分	

总评分＝（1~3项总分）×30%

参加评价人员签名：_____　_____年____月____日

（三）教师评价（30分）

最后，由指导教师结合自评与互评的结果进行综合评价，并将评价意见与评分值记录于表4-10中。

表4-10 教师评价表

教师总体评价意见：

教师评分(30分)	
总评分＝自我评分＋小组评分＋教师评分	

教师签名：_____　_____年____月____日

项目总结

本项目介绍自动扶梯的基本结构、原理和日常使用管理与维护保养知识。

1）自动扶梯的基本结构主要由桁架、导轨、梯级、驱动系统、扶手带系统等部件所组成，应熟悉自动扶梯的基本结构，了解各个主要部件的作用、构成、分类与工作原理，在此基础上理解整梯的结构与运行原理。

2）要重视对自动扶梯的管理，建立并坚持贯彻严格切实可行的规章制度。

3）要注意按规范做好自动扶梯的日常管理、清洁与维护保养工作。

思考与练习题

一、填空题

1. 自动扶梯是一种_____的运输设备。

2. 自动扶梯的提升高度 H 是指＿＿＿＿＿＿＿＿＿＿＿＿＿＿高度距离。

3. 自动扶梯的倾斜角 α 是＿＿＿＿＿＿＿＿＿与＿＿＿＿＿＿＿＿的最大角度。

4. 自动扶梯由 ＿＿＿＿＿、＿＿＿＿＿、＿＿＿＿＿、＿＿＿＿＿、＿＿＿＿＿、＿＿＿＿＿等主要部件组成。

5. 自动扶梯的梯级有＿＿＿＿＿式梯级与＿＿＿＿＿式梯级两类。

6. 扶手带的驱动系统一般有两种形式，一种是 ＿＿＿＿＿式驱动，另一种是＿＿＿＿＿式驱动。

7. 自动扶梯的安全保护系统包括＿＿＿＿＿、＿＿＿＿＿、＿＿＿＿＿、＿＿＿＿＿和＿＿＿＿＿等安全保护装置。

8. 自动扶梯非操纵逆转保护装置的作用是在＿＿＿＿＿＿＿＿＿＿＿时自动停止运行。

9. 在扶手＿＿＿＿＿的扶手带＿＿＿＿＿处最容易将乘客的手指拖入，因此需要在这些部位设置保护装置。

10. 乘坐自动扶梯时，乘客应＿＿＿＿＿扶梯的运行方向，靠＿＿＿＿＿侧站立。

11. 自动扶梯发生夹持事件时救援人员应在＿＿＿＿＿人以上。

12. 使用单位必须按期向自动扶梯与自动人行道所在地的特种设备检验机构申请＿＿＿＿＿＿＿＿＿，及时更换安全检验合格标志中的有关内容。

13. 对于自动扶梯维修人员的维修资质，要求维修人员必须持有质检部门核发的《＿＿＿＿＿》才能上岗。

14. ＿＿＿＿＿标志超过有效期的自动扶梯与自动人行道不得使用。

15. 每台扶梯的上部和下部都各有一个＿＿＿＿＿按钮，如遇有紧急情况可按下该按钮，扶梯立即停止运行。

二、选择题

1. 自动扶梯的名义速度 v 是指（　　）。

A. 自动扶梯设计所规定的运行速度

B. 自动扶梯的实际载客运行速度

C. 自动扶梯不载客时的运行速度

2. 当自动扶梯提升高度超过（　　）时，需在金属桁架与建筑物之间安装中间支承。

A. 5m　　　　　　B. 6m　　　　　　C. 8m

3. 自动扶梯的梯级是特殊结构形式的四轮小车，有（　　）。

A. 4 个主轮　　　　　　B. 4 个副轮　　　　　　C. 2 个主轮和 2 个副轮

4. 端部驱动式自动扶梯采用（　　）式驱动。

A. 链条　　　　　　B. 齿条　　　　　　C. 传送带

5. 一旦发现自动扶梯的梳齿损坏应（　　）。

A. 安排修理　　　　　　B. 立即修理　　　　　　C. 在大修时才修理

6. 儿童（　　）独自乘坐自动扶梯。

A. 可以　　　　　　B. 不可以　　　　　　C. 随意

7. 乘坐自动扶梯时，乘客的手应该（　　）扶梯右侧的扶手。

A. 握住　　　　　　B. 不要握住　　　　　　C. 随意

8. 在对自动扶梯的各个部件进行清洁和维护保养时, 应该 ( )。

A. 严禁烟火 　　　　B. 不禁烟火 　　　C. 随意

9. 应该在确认自动扶梯上 ( ) 才能起动扶梯。

A. 有人 　　　　　　B. 没有人 　　　　C. 随意

10. 起动自动扶梯前应先 ( ) 后方可起动。

A. 确认扶梯上无人 　B. 确认扶梯上有人 　C. 确认扶梯上无货物

11. 当有人在桁架内作业时, ( ) 检修运行及自动运行。

A. 允许 　　　　　　B. 禁止 　　　　　C. 可视情况是否允许

12. ( ) 单人在自动扶梯开口部位或开口部位周边及桁架内进行单独作业。

A. 允许 　　　　　　B. 禁止 　　　　　C. 可视情况是否允许

13. 自动扶梯在检修运行时, 如果在拆除梯级的状态下运行 ( ) 从空梯级上通过。

A. 可以 　　　　　　B. 不可以 　　　　C. 可视情况是否允许

14. ( ) 在相邻扶手装置之间或扶手装置和邻近的建筑结构之间放置货物。

A. 允许 　　　　　　B. 禁止 　　　　　C. 可视情况是否允许

15. 应急救援时应确认在扶梯上 (下) 入口处已有维修人员进行监护, 并设置 ( )。

A. 安全警示牌 　　　B. 阻拦物 　　　　C. 粘贴安全警告贴纸

16. 自动扶梯与自动人行道的定期检验周期为 ( )。

A. 半年 　　　　　　B. 一年 　　　　　C. 两年

17. ( ) 特种设备检验机构对自动扶梯与自动人行道的检验报告书、每次维修记录以及发生事故记录也应相应建立档案。

A. 每年 　　　　　　B. 每月 　　　　　C. 每季度

18. 值班人员要将自动扶梯运行情况、设备发生的 ( ) 详细填写在交接班记录本上。

A. 载货数量 　　　　B. 故障及处理过程 　C. 人流量

19. 维保作业中同一井道及同一时间内, 不允许有立体交叉作业, 且不得多于 ( )。

A. 一名操作人员 　　B. 两名操作人员 　C. 三名操作人员

20. 电梯维修人员必须是 ( ) 的人员。

A. 有电工维修经验 　B. 有司机操作证 　C. 经过专门培训并取得维修操作证

21. 有人喜欢在向下运行中的自动扶梯上逆行向上跑步, 认为这是提高自己的跑步水平和锻炼自己反应能力的好方法。您认为这 ( )。

A. 确实是一种锻炼身体的好方法

B. 是一种对自己和他人都会造成危害的行为

C. 只要不影响他人就没有关系

三、判断题

1. 自动扶梯一般是连续运行的。( )

2. 与垂直电梯相比较, 自动扶梯的运行速度相对较慢, 但载客量却大很多。( )

3. 大提升高度自动扶梯的金属结构桁架通常采用整体式结构。( )

4. 制动器是自动扶梯中不可缺少的重要部件。( )

5. 为了提高设备的利用率, 在不载运乘客时可以用自动扶梯载运货物。( )

6. 婴儿车、手推车、自行车等不能直接推上自动扶梯。(   )

7. 自动扶梯与自动人行道的起动钥匙可由多人共同保管。(   )

8. 在正常情况下不能按动紧急制动按钮，严禁恶作剧，以免乘客因毫无防备发生事故。
(   )

9. 维修保养人员必须经过培训考核，并取得国家级质量技术监督部门颁发的资格证书，
才能工作。(   )

10. 在自动扶梯上，不能将头部、四肢伸出梯级以外，以免受到障碍物、顶棚、相邻的
自动扶梯的撞击。(   )

四、综合题

1. 试述自动扶梯的安全操作规程以及使用时的注意事项。

2. 试述自动扶梯的应急救援步骤。

3. 试述自动扶梯和自动人行道的使用方法。

4. 试述自动扶梯和自动人行道的各种管理措施。

五、学习记录与分析

1. 分析表 4-2 中记录的内容，小结观察自动扶梯的主要收获与体会。

2. 分析在使用自动扶梯时须注意的事项，小结学习自动扶梯安全操作规程的收获与
体会。

3. 分析自动扶梯部件故障应急救援方法，小结自动扶梯部件发生故障时会出现的应急
方法。

4. 分析自动扶梯的使用与管理办法，小结学习体会。

5. 分析表 4-4、表 4-5、表 4-6 中记录的内容，小结学习安全操作自动扶梯的主要收获
与体会，并试述自动扶梯起动、停止、转向的工作步骤。

6. 分析表 4-7 中记录的内容，小结观察（或参与）自动扶梯维保工作的主要收获与体
会。

六、试叙述对本项目与实训操作的认识、收获与体会

附 录

电梯维护保养规则
[TSG T5002—2017]

第一条 为了规范电梯维护保养行为，根据《中华人民共和国特种设备安全法》《特种设备安全监察条例》，制定本规则。

第二条 本规则适用于《特种设备目录》范围内电梯的维护保养（以下简称维保）工作。

消防员电梯、防爆电梯的维保单位，应当按照制造单位的要求制定维保项目和内容。

第三条 本规则是对电梯维保工作的基本要求，相关单位应当根据科学技术的发展和实际情况，制定不低于本规则并且适用于所维保电梯的工作要求，以保证所维保电梯的安全性能。

第四条 电梯维保单位应当在依法取得相应的许可后，方可从事电梯的维保工作。

第五条 维保单位应当履行下列职责：

（一）按照本规则、有关安全技术规范以及电梯产品安装使用维护说明书的要求，制定维保计划与方案；

（二）按照本规则和维保方案实施电梯维保，维保期间落实现场安全防护措施，保证施工安全；

（三）制定应急措施和救援预案，每半年至少针对本单位维保的不同类别（类型）电梯进行一次应急演练；

（四）设立24h维保值班电话，保证接到故障通知后及时予以排除；接到电梯困人故障报告后，维保人员及时抵达所维保电梯所在地实施现场救援，直辖市或者设区的市抵达时间不超过30min，其他地区一般不超过1h；

（五）对电梯发生的故障等情况，及时进行详细的记录；

（六）建立每台电梯的维保记录，及时归入电梯安全技术档案，并且至少保存4年；

（七）协助电梯使用单位制定电梯安全管理制度和应急救援预案；

（八）对承担维保的作业人员进行安全教育与培训，按照特种设备作业人员考核要求，组织取得相应的《特种设备作业人员证》，培训和考核记录存档备查；

（九）每年度至少进行一次自行检查，自行检查在特种设备检验机构进行定期检验之前进行，自行检查项目及其内容根据使用状况确定，但是不少于本规则年度维保和电梯定期检验规定的项目及其内容，并且向使用单位出具有自行检查和审核人员的签字、加盖维保单位公章或者其他专用章的自行检查记录或者报告；

（十）安排维保人员配合特种设备检验机构进行电梯的定期检验；

（十一）在维保过程中，发现事故隐患及时告知电梯使用单位；发现严重事故隐患，及时向当地特种设备安全监督管理部门报告。

第六条 电梯的维保项目分为半月、季度、半年、年度等四类，各类维保的基本项目（内容）和要求分别见附件 A 至附件 D。维保单位应当依据各附件的要求，按照安装使用维护说明书的规定，并且根据所保养电梯使用的特点，制定合理的维保计划与方案，对电梯进行清洁、润滑、检查、调整，更换不符合要求的易损件，使电梯达到安全要求，保证电梯能够正常运行。

现场维保时，如果发现电梯存在的问题需要通过增加维保项目（内容）予以解决的，维保单位应当相应增加并且及时修订维保计划与方案。

当通过维保或者自行检查，发现电梯仅依据合同规定的维保内容已经不能保证安全运行，需要改造、修理（包括更换零部件）、更新电梯时，维保单位应当书面告知使用单位。

第七条 维保单位进行电梯维保，应当进行记录。记录至少包括以下内容：

（一）电梯的基本情况和技术参数，包括整机制造、安装、改造、重大修理单位名称，电梯品种（型式），产品编号，设备代码，电梯型号或者改造后的型号，电梯基本技术参数（内容见第八条）；

（二）使用单位、使用地点、使用单位内编号；

（三）维保单位、维保日期、维保人员（签字）；

（四）维保的项目（内容），进行的维保工作，达到的要求，发生调整、更换易损件等工作时的详细记载。

维保记录应当经使用单位安全管理人员签字确认。

第八条 维保记录中的电梯基本技术参数主要包括以下内容：

（一）曳引与强制驱动电梯（包括曳引驱动乘客电梯、曳引驱动载货电梯、强制驱动载货电梯），为驱动方式、额定载重量、额定速度、层站门数；

（二）液压驱动电梯（包括液压乘客电梯、液压载货电梯），为额定载重量、额定速度、层站门数、油缸数量、顶升型式；

（三）杂物电梯，为驱动方式、额定载重量、额定速度、层站门数；

（四）自动扶梯与自动人行道（包括自动扶梯、自动人行道），为倾斜角、名义速度、提升高度、名义宽度、主机功率、使用区段长度（自动人行道）。

第九条 维保单位的质量检验（查）人员或者管理人员应当对电梯的维保质量进行不定期检查，并且进行记录。

第十条 采用信息化技术实现无纸化电梯维保记录的，其维保记录格式、内容和要求应当满足相关法律、法规和安全技术规范的要求。使用无纸化电梯维保记录系统的，其数据在保存过程中不得有任何程度和任何形式的更改，确保储存数据的公正、客观和安全，并可实时进行查询。

第十一条 本规则下列用语的含义是：

维护保养，是指对电梯进行的清洁、润滑、调整、更换易损件和检查等日常维护与保养性工作。其中清洁、润滑不包括部件的解体，调整和更换易损件不会改变任何电梯性能参数。

第十二条 本规则由国家质量监督检验检疫总局负责解释。

第十三条 本规则自 2017 年 8 月 1 日起施行。

附件 A：曳引与强制驱动电梯维护保养项目（内容）和要求

1. 半月维护保养项目（内容）和要求

半月维护保养项目（内容）和要求见附表 A-1。

附表 A-1 半月维护保养项目（内容）和要求

序号	维护保养项目（内容）	维护保养基本要求
1	机房、滑轮间环境	清洁，门窗完好，照明正常
2	手动紧急操作装置	齐全，在指定位置
3	驱动主机	运行时无异常振动和异常声响
4	制动器各销轴部位	动作灵活
5	制动器间隙	打开时制动衬与制动轮不应发生摩擦，间隙值符合制造单位要求
6	制动器作为轿厢意外移动保护装置制停子系统时的自监测	制动力人工方式检测符合使用维护说明书要求；制动力自监测系统有记录
7	编码器	清洁，安装牢固
8	限速器各销轴部位	润滑，转动灵活；电气开关正常
9	层门和轿门旁路装置	工作正常
10	紧急电动运行	工作正常
11	轿顶	清洁，防护栏安全可靠
12	轿顶检修开关、停止装置	工作正常
13	导靴上油杯	吸油毛毡齐全，油量适宜，油杯无泄漏
14	对重/平衡重块及其压板	对重/平衡重块无松动，压板紧固
15	井道照明	齐全，正常
16	轿厢照明、风扇、应急照明	工作正常
17	轿厢检修开关、停止装置	工作正常
18	轿内报警装置、对讲系统	工作正常
19	轿内显示、指令按钮、IC 卡系统	齐全，有效
20	轿门防撞击保护装置（安全触板，光幕，光电等）	功能有效
21	轿门门锁电气触点	清洁，触点接触良好，接线可靠
22	轿门运行	开启和关闭工作正常
23	轿厢平层准确度	符合标准值
24	层站召唤、层楼显示	齐全，有效
25	层门地坎	清洁
26	层门自动关门装置	正常
27	层门门锁自动复位	用层门钥匙打开手动开锁装置释放后，层门门锁能自动复位

（续）

序号	维护保养项目（内容）	维护保养基本要求
28	层门门锁电气触点	清洁，触点接触良好，接线可靠
29	层门锁紧元件啮合长度	不小于 7mm
30	底坑环境	清洁，无渗水、积水，照明正常
31	底坑停止装置	工作正常

2. 季度维护保养项目（内容）和要求

季度维护保养项目（内容）和要求除符合半月维护保养的项目（内容）和要求外，还应当符合附表 A-2 的项目（内容）和要求。

附表 A-2　季度维护保养项目（内容）和要求

序号	维护保养项目（内容）	维护保养基本要求
1	减速机润滑油	油量适宜，除蜗杆伸出端外均无渗漏
2	制动衬	清洁，磨损量不超过制造单位要求
3	编码器	工作正常
4	选层器动静触点	清洁，无烧蚀
5	曳引轮槽、悬挂装置	清洁，钢丝绳无严重油腻，张力均匀，符合制造单位要求
6	限速器轮槽、限速器钢丝绳	清洁，无严重油腻
7	靴衬、滚轮	清洁，磨损量不超过制造单位要求
8	验证轿门关闭的电气安全装置	工作正常
9	层门、轿门系统中传动钢丝绳、链条、传动带	按照制造单位要求进行清洁、调整
10	层门门导靴	磨损量不超过制造单位要求
11	消防开关	工作正常，功能有效
12	耗能缓冲器	电气安全装置功能有效，油量适宜，柱塞无锈蚀
13	限速器张紧轮装置和电气安全装置	工作正常

3. 半年维护保养项目（内容）和要求

半年维护保养项目（内容）和要求除符合季度维护保养的项目（内容）和要求外，还应当符合附表 A-3 的项目（内容）和要求。

附表 A-3　半年维护保养项目（内容）和要求

序号	维护保养项目（内容）	维护保养基本要求
1	电动机与减速机联轴器	连接无松动，弹性元件外观良好，无老化等现象
2	驱动轮、导向轮轴承部	无异常声响，无振动，润滑良好
3	曳引轮槽	磨损量不超过制造单位要求
4	制动器动作状态监测装置	工作正常，制动器动作可靠
5	控制柜内各接线端子	各接线紧固、整齐，线号齐全清晰
6	控制柜各仪表	显示正常
7	井道、对重、轿顶各反绳轮轴承部	无异常声响，无振动，润滑良好

（续）

序号	维护保养项目(内容)	维护保养基本要求
8	悬挂装置、补偿绳	磨损量、断丝数不超过要求
9	绳头组合	螺母无松动
10	限速器钢丝绳	磨损量、断丝数不超过制造单位要求
11	层门、轿门门扇	门扇各相关间隙符合标准值
12	轿门开门限制装置	工作正常
13	对重缓冲距离	符合标准值
14	补偿链(绳)与轿厢、对重接合处	固定,无松动
15	上、下极限开关	工作正常

4. 年度维护保养项目（内容）和要求

年度维护保养项目（内容）和要求除符合半年维护保养的项目（内容）和要求外，还应当符合附表 A-4 的项目（内容）和要求。

附表 A-4　年度维护保养项目（内容）和要求

序号	维护保养项目(内容)	维护保养基本要求
1	减速机润滑油	按照制造单位要求适时更换,保证油质符合要求
2	控制柜接触器、继电器触点	接触良好
3	制动器铁芯(柱塞)	进行清洁、润滑、检查,磨损量不超过制造单位要求
4	制动器制动能力	符合制造单位要求,保持有足够的制动力,必要时进行轿厢装载 125% 额定载重量的制动试验
5	导电回路绝缘性能测试	符合标准
6	限速器安全钳联动试验(对于使用年限不超过 15 年的限速器,每 2 年进行一次限速器动作速度校验;对于使用年限超过 15 年的限速器,每年进行一次限速器动作速度校验)	工作正常
7	上行超速保护装置动作试验	工作正常
8	轿厢意外移动保护装置动作试验	工作正常
9	轿顶、轿厢架、轿门及其附件安装螺栓	紧固
10	轿厢和对重/平衡重的导轨支架	固定,无松动
11	轿厢和对重/平衡重的导轨	清洁,压板牢固
12	随行电缆	无损伤
13	层门装置和地坎	无影响正常使用的变形,各安装螺栓紧固
14	轿厢称重装置	准确有效
15	安全钳钳座	固定,无松动
16	轿底各安装螺栓	紧固
17	缓冲器	固定,无松动

注：1. 如果某些电梯没有表中的项目（内容），如有的电梯不含有某种部件，项目（内容）可适当进行调整（下同）。

2. 维护保养项目（内容）和要求中对测试、试验有明确规定的，应当按照规定进行测试、试验，没有明确规定的，一般为检查、调整、清洁和润滑（下同）。

3. 维护保养基本要求中，规定为"符合标准值"的，是指符合对应的国家标准、行业标准和制造单位要求（下同）。

4. 维护保养基本要求中，规定为"制造单位要求"的，按照制造单位的要求，其他没有明确的"要求"的，应当为安全技术规范、标准或者制造单位等的要求。

附件 B：液压驱动电梯维护保养项目（内容）和要求（略）

附件 C：杂物电梯维护保养项目（内容）和要求（略）

附件 D：自动扶梯与自动人行道维护保养项目（内容）和要求

1．半月维护保养项目（内容）和要求

半月维护保养项目（内容）和要求见附表 D-1。

附表 D-1　半月维护保养项目（内容）和要求

序号	维护保养项目(内容)	维护保养基本要求
1	电器部件	清洁，接线紧固
2	故障显示板	信号功能正常
3	设备运行状况	正常，没有异常声响和抖动
4	主驱动链	运转正常，电气安全保护装置动作有效
5	制动器机械装置	清洁，动作正常
6	制动器状态监测开关	工作正常
7	减速机润滑油	油量适宜，无渗油
8	电动机通风口	清洁
9	检修控制装置	工作正常
10	自动润滑油罐油位	油位正常，润滑系统工作正常
11	梳齿板开关	工作正常
12	梳齿板照明	照明正常
13	梳齿板梳齿与踏板面齿槽、导向胶带	梳齿板完好无损，梳齿板梳齿与踏板面齿槽、导向胶带啮合正常
14	梯级或者踏板下陷开关	工作正常
15	梯级或者踏板缺失监测装置	工作正常
16	超速或非操纵逆转监测装置	工作正常
17	检修盖板和楼层板	防倾覆或者翻转措施和监控装置有效、可靠
18	梯级链张紧开关	位置正确，动作正常
19	防护挡板	有效，无破损
20	梯级滚轮和梯级导轨	工作正常
21	梯级、踏板与围裙板之间的间隙	任何一侧的水平间隙及两侧间隙之和符合标准值
22	运行方向显示	工作正常
23	扶手带入口处保护开关	动作灵活可靠，清除入口处垃圾
24	扶手带	表面无毛刺，无机械损伤，运行无摩擦
25	扶手带运行	速度正常
26	扶手护壁板	牢固可靠
27	上下出入口处的照明	工作正常
28	上下出入口和扶梯之间保护栏杆	牢固可靠
29	出入口安全警示标志	齐全，醒目
30	分离机房、各驱动和转向站	清洁，无杂物
31	自动运行功能	工作正常
32	紧急停止开关	工作正常
33	驱动主机的固定	牢固可靠

2. 季度维护保养项目（内容）和要求

季度维护保养项目（内容）和要求除应符合半月维护保养的项目（内容）和要求外，还应当符合附表 D-2 的项目（内容）和要求。

附表 D-2 季度维护保养项目（内容）和要求

序号	维护保养项目(内容)	维护保养基本要求
1	扶手带的运行速度	相对于梯级、踏板或者胶带的速度允差为 0～+2%
2	梯级链张紧装置	工作正常
3	梯级轴衬	润滑有效
4	梯级链润滑	运行工况正常
5	防灌水保护装置	动作可靠(雨季到来之前必须完成)

3. 半年维护保养项目（内容）和要求

半年维护保养项目（内容）和要求除应符合季度维护保养的项目（内容）和要求外，还应符合附表 D-3 的项目（内容）和要求。

附表 D-3 半年维护保养项目（内容）和要求

序号	维护保养项目(内容)	维护保养基本要求
1	制动衬厚度	不小于制造单位要求
2	主驱动链	清理表面油污,润滑
3	主驱动链链条滑块	清洁,厚度符合制造单位要求
4	电动机与减速机联轴器	连接无松动,弹性元件外观良好,无老化等现象
5	空载向下运行制动距离	符合标准值
6	制动器机械装置	润滑,工作有效
7	附加制动器	清洁和润滑,功能可靠
8	减速机润滑油	按照制造单位要求进行检查、更换
9	调整梳齿板梳齿与踏板面齿槽啮合深度和间隙	符合标准值
10	扶手带张紧度张紧弹簧负荷长度	符合制造单位要求
11	扶手带速度监控系统	工作正常
12	梯级踏板加热装置	功能正常,温度感应器接线牢固(冬季到来之前必须完成)

4. 年度维护保养项目（内容）和要求

年度维护保养项目（内容）和要求除应符合半年维护保养的项目（内容）和要求外，还应符合附表 D-4 的项目（内容）和要求。

附表 D-4 年度维护保养项目（内容）和要求

序号	维护保养项目(内容)	维护保养基本要求
1	主接触器	工作可靠
2	主机速度检测功能	功能可靠,清洁感应面,感应间隙符合制造单位要求
3	电缆	无破损,固定牢固
4	扶手带托轮、滑轮群、防静电轮	清洁,无损伤,托轮转动平滑
5	扶手带内侧凸缘处	无损伤,清洁扶手导轨滑动面
6	扶手带断带保护开关	功能正常

（续）

序号	维护保养项目（内容）	维护保养基本要求
7	扶手带导向块和导向轮	清洁，工作正常
8	在进入梳齿板处的梯级与导轮的轴向窜动量	符合制造单位要求
9	内外盖板连接	紧密牢固，连接处的凸台、缝隙符合制造单位要求
10	围裙板安全开关	测试有效
11	围裙板对接处	紧密平滑
12	电气安全装置	动作可靠
13	设备运行状况	正常，梯级运行平稳，无异常抖动，无异常声响

参 考 文 献

[1]　李乃夫. 电梯维修保养备赛指导 ［M］. 北京：高等教育出版社，2013.

[2]　叶安丽. 电梯控制技术 ［M］. 2 版. 北京：机械工业出版社，2007.

[3]　张伯虎. 从零开始学电梯维修技术 ［M］. 北京：国防工业出版社，2009.

[4]　陈家盛. 电梯结构原理及安装维修 ［M］. 5 版. 北京：机械工业出版社，2012.

参考文献

[1] 本书编委会. 机械设计手册[M]. 北京: 机械工业出版社, 2013.

[2] 机械设计手册[M]. 北京: 机械工业出版社, 2007.

[3] 成大先. 机械设计手册[M]. 北京: 化学工业出版社, 2009.

[4] 闻邦椿. 机械设计手册[M]. 北京: 机械工业出版社, 2015.